非线性系统约束控制的研究

Control and Performances Analysis for Nonlinear Systems with State Constraints

张 瑞 李俊民 焦建民 著
Zhang Rui Li Junmin Jiao Jianmin

西南交通大学出版社
·成 都·

图书在版编目（CIP）数据

非线性系统约束控制的研究 / 张瑞，李俊民，焦建民著. —成都：西南交通大学出版社，2022.12
ISBN 978-7-5643-9104-1

Ⅰ. ①非… Ⅱ. ①张… ②李… ③焦… Ⅲ. ①随机非线性系统－研究 Ⅳ. ①O211.6

中国版本图书馆 CIP 数据核字（2022）第 251135 号

Feixianxing Xitong Yueshu Kongzhi de Yanjiu
非线性系统约束控制的研究

张瑞　李俊民　焦建民 / **著**

责任编辑 / 孟秀芝
封面设计 / 吴　兵

西南交通大学出版社出版发行
（四川省成都市金牛区二环路北一段 111 号西南交通大学创新大厦 21 楼　610031）
发行部电话：028-87600564　028-87600533
网址：http://www.xnjdcbs.com
印刷：成都蜀通印务有限责任公司

成品尺寸　185 mm × 240 mm
印张　8.75　　字数　142 千
版次　2022 年 12 月第 1 版　　印次　2022 年 12 月第 1 次

书号　ISBN 978-7-5643-9104-1
定价　48.00 元

前 言

传统的控制理论主要以线性系统为研究对象，根据角度的不同，可分为建立在频率域基础上的经典控制理论和时域上的现代控制理论。但从本质上来讲，世界是非线性的，对于有些可以使用线性模型近似描述的系统，采用经典的线性系统控制理论控制器设计也可以取得很好的控制效果，然而，对本质上的非线性系统进行线性描述只是在一定范围内和一定程度上成立。随着工业对控制的不断要求，传统的线性反馈控制已经很难满足各种实际需要，而且，在很多实际系统中，还可能存在着系统参数难以精确获得、系统扰动、建模误差、时间参数变化等导致的不确定部分，非线性系统和不确定性的存在增加了控制器设计的难度。非线性系统有着比线性系统更丰富的特性，如何利用非线性系统的特性，巧妙构造合适的控制算法就成了非线性控制理论研究的主要问题。

自非线性系统控制理论成为近几十年来控制领域研究的热点课题以来，尤其是针对不确定非线性系统，基于神经网络和模糊逼近的自适应 Backstepping 方法已经取得了很多成果，如反馈线性化技术、滑模控制、自适应控制等，但还有大量问题需要进一步研究和探索。本书基于 Backstepping 方法，重点研究其在纯反馈受约束系统和非三角结构受约束系统中的推广，结合自适应控制理论、神经网络和模糊逻辑系统逼近理论、关联大系统分散控制理论、随机微分方程稳定性理论及约束控制理论，对几类受约束的非线性系统的控制问题进行了深入的研究。尽管基于 BLF 约束的研究已经取得了一定的成果，但是这些系统的研究还非常有限，有必要推广到更广泛的系统中，因此本书研究的问题是非常有意义的。

我想借这个机会感谢所有帮助过我，让我完成研究及写成这本书的人。首先衷心感谢我的博士生导师李俊民教授，李老师在我学习书写的整个过程中一直积极引导我、鼓励我，给予我力量、勇气，指明了我前进的方向。李老师治学严谨、学识渊博、思维敏捷、积极进取、勇于向前的态度和深邃的学术洞察力深深地影响了我，为我树立了良好的学术榜样，也是我今后为人处世的楷模。值此书稿完成之际，谨对导师的辛勤培育以及谆谆教诲表示最衷心的感谢！人生中能遇此良师，实则幸运之至！感谢西电其他的师长、同门、朋友、家人的支持，尤其是我的先生焦建民博士，他让我安心做研究、他使我的生活丰富安稳、他让我对未来充满希望，他对我本书的成稿给予了莫大的支持。

最后需要指出，尽管本书对非三角结构系统的控制问题做了一些研究工作，但由于非三角结构系统的复杂性，今后还需要对相关问题进行进一步研究和探讨。

本书符号对照表

符　号	符号名称
$\mathbf{N}$	正整数集
$\mathbf{R}$	实数集
$\mathbf{R}^n$	n 维欧氏向量空间
$\boldsymbol{I}_n$	n 阶单位矩阵
$\lVert\cdot\rVert$	向量欧氏范数
$\boldsymbol{x}^{\mathrm{T}}$	向量 $\boldsymbol{x}$ 的转置
$\boldsymbol{A}^{\mathrm{T}}$	矩阵 $\boldsymbol{A}$ 的转置
$\boldsymbol{A}^{-1}$	矩阵 $\boldsymbol{A}$ 的逆
C^i	i 次连续可微函数的总体
$\boldsymbol{A}>0(\boldsymbol{A}<0)$	$\boldsymbol{A}$ 是正定（负定）矩阵
$\lambda_{\min}(\boldsymbol{A})$	矩阵 $\boldsymbol{A}$ 的最小特征值
$\lambda_{\max}(\boldsymbol{A})$	矩阵 $\boldsymbol{A}$ 的最大特征值
$\mathrm{Tr}(\boldsymbol{X})$	矩阵 $\boldsymbol{X}$ 的迹
K	表示 K 类函数
K_∞	表示 K_∞ 类函数
□	证明结束符

缩略语对照表

缩略语	英文全称	中文对照
NN	Neural Networks	神经网络
FLS	Fuzzy Logic Systems	模糊逻辑系统
DSC	Dynamic Surface Control	动态面控制
BLF	Barrier Lyapunov Function	障碍李雅普诺夫函数
ABLF	Asymmetric Barrier Lyapunov Function	非对称障碍李雅普诺夫函数

目　录

1

绪　论

本章首先介绍本书的研究目标和意义，其次介绍非线性系统自适应控制的发展和研究现状及受约束系统的自适应控制的研究现状，最后给出本研究的主要成果和内容安排.

1.1　研究意义

由于非线性系统自身的丰富特性以及世界本质上是非线性的，近些年来关于非线性系统的研究吸引了大批学者的关注，取得了丰硕成果[1-3]，这大大促进了非线性系统研究的发展. 非线性系统起源于由飞行条件的改变而引起参数变化时飞行器的自动驾驶控制问题的自适应问题研究，在理论研究和实际应用中已出现半个多世纪，实际上很多复杂的系统都存在不确定性因素，这些不确定性包括参数不确定性、结构不确定性等. 它们对系统的稳定性起着重要的影响和作用，它们是否被处理得当直接关系到系统稳定性能的好坏，因此对自适应控制的研究是非常重要的.

尽管自适应 Backstepping 方法已经相对成熟，取得了很多成果，但它在理论研究和实际应用中依然是研究的热点. 比如在实际系统中，飞机飞行控制系统[4]、无人机系统[5]、车载摆运动系统[6]等都是建模为纯反馈系统或非三角结构系统，之前的基于严反馈系统的 Backstepping 所提的自适应控制设计方法已不适用. 而如何克服系统的非三角结构这也是研究的难点. 另外，处理系统的约束控制设计也是近年来研究的热点问题之一，主要原因是出于安全或某些实际需要的考虑，在实际中约束是普遍存在的，如汽车主动悬挂系统、遥控水下机器人、航天器等. 因此，研究受约束的纯反馈系统或非三角结构系统不仅可以完善理论，而且可以促进非线性系统控制理论及其应用的发展. 本书研究的纯反馈系统和非三角结构系统的约束控制问题是极为必要和有意义的.

1.2 非线性系统控制背景及发展状况

随着工业的发展和需要，叠加技术和线性系统已经不能满足相应需求. 实际上，尽管之前线性理论成功解决了国防和工业中的各种控制问题，取得了很多成果[7]，但从本质上讲系统都是非线性的，因此对非线性系统找出适合的研究方法是重要的. 传统的非线性研究，采用的是在特定点上线性化得到近似的线性模型，但是这样做只能得到局部的信息，对于全局的信息不能预测到. 除此之外，非线性系统具有其本身线性系统没有的丰富特性，比如有限逃逸时间、多个孤立平衡点、极限环等特性. 如何针对非线性系统设计合适控制器使系统稳定就成为重要课题. 随着非线性理论的发展，自 20 世纪 70 年代以来，应用数学中的非线性分析、非线性泛函、微分几何等以及物理学中相关理论的加入使用，使得非线性控制理论研究获得了很多成果，如微分几何控制理论[3]、变结构控制理论[8]、Backstepping 控制理论[2]、模糊控制理论[9]、迭代学习控制理论[10]等. 这些成果促进了非线性理论的进一步发展. 本书主要采用 Backstepping 控制理论，因此接下来介绍 Backstepping 的发展现状.

1.2.1 Backstepping 方法简介

Backstepping 技术是非线性控制中一种非常重要的控制方法，它的出现和应用对控制理论的发展有重要意义. 最早的 Backstepping 并不是某个学者单独提出来的，而是在同时期的文献中都含有这种思想[11-14]. 归结起来，Backstepping 方法的主要设计思想如下：针对由 n 个子系统构成的一个复杂三角结构系统，在控制器设计过程中，对于每个子系统构造相应的 Lyapunov 函数并给出其稳定化函数，最后获得反馈控制器完成整个控制设计[2][15]. 众所周知，Lyapunov 直接函数法[16]是针对非线性系统分析和设计中的一种非常重要的工具. 它的优点在于不需要精确知道系统的解，只要构造一个能量函数，分析它对时间导数的性质就可以确定系统的稳定性[17]情况. 目前，经常用到的是二次 Lyapunov 函数、积分 Lyapunov 函数和四次 Lyapunov 函数. 相对于之前的控制技术，Backstepping 方法的主要优势在于：使整个设计过程更加系统化、结构化；打破了系统匹配条件[18]和线性增长要求[19]的限制. 其中，将自适应与 backstepping 方法相结合，放松了对系统中非线性函数的要求，扩大了理论的实际应用范围，目前已成为控制理论中经典、很有潜力的一种控制方法并取得了很多成果[20-23]. 下面介绍自适应 Backstepping 的一些成果和进展，基于神经网络或模糊逻辑系统逼近的自适应 Backstepping 是本书的主要关注点.

1.2.2 非线性系统的自适应 Backstepping 发展及研究现状

下面以能体现 Backstepping 方法的严反馈系统、纯反馈系统、非三角结构系统为主线论述自适应 Backstepping 的发展成果和研究现状.

1）严格反馈系统

$$\begin{cases} \dot{x}_i = f_i(\bar{x}_i) + g_i(\bar{x}_i)x_{i+1}, 1 \leqslant i \leqslant n-1 \\ \dot{x}_n = f_n(\bar{x}_n) + g_n(\bar{x}_n)u \\ y = x_1 \end{cases} \tag{1-1}$$

式中：$x_1, x_2, \cdots, x_n$，$\bar{\boldsymbol{x}}_i = [x_1, x_2, \cdots, x_i]^{\mathrm{T}} \in \mathbf{R}^i$，$u \in \mathbf{R}$ 和 $y \in \mathbf{R}$ 分别表示系统的状态、控制输入和输出；$f_i(\bar{\boldsymbol{x}}_i)$ 和 $g_i(\bar{\boldsymbol{x}}_i)$ 表示未知的光滑函数. 其中，$g_i(\bar{\boldsymbol{x}}_i)$ 满足 $0 < g_0 \leqslant |g_i| \leqslant g_1$，$g_0, g_1$ 表示正常数.

20 世纪 90 年代，针对不确定系统（1-1），Krstic 等[24][25]给出了一种自适应跟踪控制算法并确保系统是渐近跟踪且全局稳定的. 显然，上面文献中使用的是一种传统的自适应控制技术，因为它假设被研究对象中的未知非线性函数满足线性参数化形式，即假设函数 $f_i(\bar{\boldsymbol{x}}_i)$ 满足 $f_i(\bar{\boldsymbol{x}}_i) = \boldsymbol{\theta}^{\mathrm{T}}\boldsymbol{\psi}_i(\bar{\boldsymbol{x}}_i)\ (i = 1, 2, \cdots, n)$，其中，$\boldsymbol{\theta}$ 是不确定的时不变常值参数向量，$\boldsymbol{\psi}_i(\bar{\boldsymbol{x}}_i)$ 是已知的向量值函数. 然而在实际中很多系统模型不能用线性参数化来表示，如发酵过程[26]、生物反应器过程[27-28]、摩擦反应力[29]等. 相比前面的线性参数化假设，后面的未知非线性函数假设为 $f_i(\bar{\boldsymbol{x}}_i) = f_i(\bar{\boldsymbol{x}}_i, \boldsymbol{\theta})$，从形式上看后者是前者的推广. 这里对非线性参数化函数的处理是难点，具有挑战性. 经过学者们的坚持和努力，在对非线性参数化方面取得了很多成果[26][30-34]. 其中，Boskovic[26][31]针对一阶非线性参数化系统，设计的自适应控制器保证系统渐近稳定. 其创新点在于通过重新给出参数表示和构造适当的 Lyapunov 函数，最终设计出有效的控制方法. Ge 等[33]通过构造积分 Lyapunov 函数来解决非线性参数化函数. 上述自适应控制的主要设计思想是当系统参数未知时，自适应在线调节系统参数或控制器参数，使系统达到稳定. 然而，在实际中非线性函数往往是完全未知的，并且随着研究对象越来越复杂，之前的控制方法对于这种情况是束手无策的，急需新的控制算法来解决. Wang[9]提出模糊逻辑系统方法. Polycarpou[35]给出神经网络逼近未知函数，认为对于所含函数完全未知的不确定非线性系统，通过设计自适应控制器可以实现控制目标. 这种基于逼近方法来设计控制器的思想步骤如下：首先，根据神经网络和模糊逻辑系统本身对非线性函数具有的万能的逼近性能去逼近未知非线性函数；其次，结合自适应 Backstepping 技术设计实际的控制器和参数自适应方法；最后，在线调节参数达到控制目标. 一般的控制目标是设计控制器保证系统输出的跟踪期望轨线或稳定成立且闭环系统所有信号有界，即系统因为所设计的控制器而达到控制性能且系统稳定. 目前，这种基于逼近器的自适应控制已经成为智能控制的很重要的一部分，大量丰富的成果涌现[36-44]. 随着研究的深入和实际的需要，如机械系统、飞行控制系统等建模及控制的需要，严反馈所获得的控制策略将不再适用，需要更一般的系统模型和新的控制方法.

2）纯反馈系统

具有下面形式的系统称为纯反馈系统：

$$\begin{cases} \dot{x}_i = f_i(\bar{\boldsymbol{x}}_i, x_{i+1}), 1 \leqslant i \leqslant n-1 \\ \dot{x}_n = f_n(\bar{\boldsymbol{x}}_n, u) \\ y = x_1 \end{cases} \tag{1-2}$$

其中，$\bar{\boldsymbol{x}}_i = [x_1, x_2, \cdots, x_i]^{\mathrm{T}} \in \mathbf{R}^i$. 相比严反馈系统（1-1），纯反馈系统（1-2）是更广泛的一类下三角结构系统，它的主要特点是 x_{i+1} 和 u 是以非线性形式出现在方程中.

在 Backstepping 设计方法中，要找到这样一个能作为显式的虚拟控制信号来稳定被控纯反馈系统从某种意义上来讲是很严格和困难的. 在实际中,很多系统可以被描述为这种非仿射结构，例如生物化学过程、机械系统、Duffing 振荡器等. 因此，对纯反馈系统的研究不管从理论还是实践中都是很重要且非常有意义的. Ge 等[45]针对简化形式的纯反馈系统引入隐函数定理，并结合神经网络逼近理论，设计的控制器保证系统稳定. Wang 等[46]针对纯反馈系统分析了输入状态稳定性，用小增益定理确保系统稳定. 除此之外, 针对纯反馈系统的研究还取得了其他一些成果[47][48]. 尽管对纯反馈的研究取得了很大的进展，但是需要指出，之前考虑的都是无限时间稳定性问题,即当时间趋于无穷时系统性能方可实现. 然而在实际系统中,如汽车跟踪等,一般要求收敛速度快. 对于非线性系统，自 Bhat 等[49]提出有限时间稳定性问题后，近些年来,有限时间稳定性问题获得了广泛的关注[50-54]. 针对有限时间收敛受初始条件影响的情况，Polyakov[55]提出了固定时间收敛理论，相对于有限时间控制策略，固定时间控制最大的特征是收敛时间可以提前预设而且与初始条件无关. 目前,对于有限时间或固定时间的自适应控制问题的研究已成为控制领域的热点问题之一[56-58]. 但是，上述针对纯反馈有限时间或固定时间的研究均没有考虑状态约束问题，而在实际中满足状态约束对系统来说是很重要的，这是本书要研究的问题之一.

3）非三角结构系统

具有如下结构的系统称为非三角结构系统:

$$\begin{cases} \dot{x}_i = f_i(\boldsymbol{x}) + g_i(\bar{\boldsymbol{x}}_i)x_{i+1}, 1 \leqslant i \leqslant n-1 \\ \dot{x}_n = f_n(\boldsymbol{x}) + g_n(\boldsymbol{x})u \\ y = x_1 \end{cases} \tag{1-3}$$

其中，$\bar{\boldsymbol{x}}_i = [x_1, x_2, \cdots, x_i]^{\mathrm{T}} \in \mathbf{R}^i$, $\boldsymbol{x} = [x_1, x_2, \cdots, x_n]^{\mathrm{T}} \in \mathbf{R}^n$. 从结构上看，显然非三角结构系统（1-3）是严反馈系统（1-1）和纯反馈系统（1-2）的推广，严反馈系统和纯反馈系统是非三角结构系统的特例. 因而系统（1-3）在控制设计中要比系统（1-1）和系统（1-2）的解决方案更复杂和困难，其中主要难点在于对不确定函数 $f_i(x)$ 的处理. 对于不确定函数 $f_i(x)$ 而言，它包含系统的所有状态变量，而在用 Backstepping 方法系统化设计控制器过程中,对于第 i 步设计的用来稳定前 i 个子系

统的虚拟控制变量 α_i，要求它只是前 i 个状态变量 $x_1, x_2, \cdots, x_i$ 的函数，状态 $x_j, j \geqslant i+1$ 必须独立于第 i 步设计的虚拟控制变量 α_i，因此第 i 个子系统中所含的不确定函数 $f_i(x)$ 就成为需要解决的难点. 近年来，针对非三角结构系统，学者们也做了很多的研究工作[59-67]. Wang 等[63]针对具有输入非线性特征的非三角结构系统设计了自适应神经控制器. Yang 等[65]针对状态不可测的非三角结构系统设计出自适应神经控制策略. 在以上文献的研究中，针对非三角结构系统，或假设不确定非线性函数 $f_i(x)$ 满足单调递增有界性，或在控制器设计过程中利用分离变量原理解决非三角系统的结构困难. 事实证明这些方法在克服非三角结构困难方面非常有效，但是对未知非线性函数必须满足一定假设要求而且使用分离变量法来设计控制器过程是复杂的，这在某种程度上是保守的. 经过学者们的坚持和专注，Tong 等[68]针对不确定单输入单输出（SISO）非三角结构系统设计了自适应模糊跟踪控制器并给出了稳定性分析. 与之前使用分离变量法和对函数进行假设限定不同，这里对非线性函数未做任何限制，采用占优方法来解决非三角结构困难问题. 所谓占优方法是建立在模糊基函数的性质 $0 < \boldsymbol{S}_i^{\mathrm{T}}(x)\boldsymbol{S}_i(x) \leqslant 1$ 的基础上的，其中 $\boldsymbol{S}_i(x)$ 是模糊基函数向量. 相对设计过程中使用的分离变量法，占优方法显然在设计计算过程中更简洁且相比对未知函数的限制方面具有更少的保守性. 研究非三角结构系统的自适应控制问题是本书的研究重点，我们将对具有以下问题的非三角结构系统进行自适应控制器的设计及研究.

（1）动态面控制.

在 Backstepping 方法的应用中，当被控系统的阶数 n 很大时，在设计控制器的过程中就意味着需要对虚拟控制器进行不断求导，这不免会产生“计算爆炸”问题. 针对此问题，Swarp 等[69]提出了动态面技术. 动态面技术是通过在计算中引入一个一阶滤波，用一个动态方程来代替对虚拟控制器的求导，这样就解决了关键问题，避免了求导计算的发生. Wang 和 Huang[70]将神经网络、动态面技术和 Backstepping 方法相结合，设计出的自适应神经控制器确保了被控系统的稳定. 在控制器设计中如果能引入 DSC，则可以避免“计算爆炸”问题，因此本研究将此方法应用到非三角结构系统的约束控制问题中，可以极大地减少运算量.

（2）时延.

时延问题在实际中是经常发生的，对时延问题处理是否得当关系到系统性能的好坏甚至关系到系统最终的稳定性. 因此，无论是从实际中还是理论上对具有时延的非三角结构系统的研究都是极为必要的. 对于时延系统而言，最主要的问题或困难就是如何处理时延项. 相较正常的系统而言，其设计无疑会更复杂[71-74]. 目前，时延可以出现在系统的输入部分和状态部分，这两者的解决方案完全不同. Mazenc 等[75]针对具有输入时延的非线性系统，通过积分有界反馈法解决了全局一致渐进稳定问题. Hua 等[76]提出，当时延出现在状态中，如何克服时延而设计合适的控制器保持系统稳定是非常重要而有意义的. 对于此类时延系统的处理方法通常是设计合适的 Lyapunov 函数来解决时延项并设计自适应控制器来实现控制目标. Chen 等[59]针对具有状态时延的非三角结构系统设计出自适应模糊控制器，确保系统稳定. 但是针对具有状态约束的非三角时延系统，如何结合 Lyapunov 函数设计自适应控制器是有难度且有待解决的，这也是本书的研究内容之一.

（3）饱和.

输入饱和普遍存在于控制系统中，由于在实际工程系统中，出于本身客观的物理承载量限制或者从安全角度考虑进行一定的限制等，输入饱和作为影响系统性能的潜在因素，是需要考虑的重要因素之一. 在系统控制器的设计中，如果饱和不能被细致考虑，它将会引起系统性能的降低甚至出现由非期望的不准确导致震荡而使闭环系统不稳定. 在面对具有饱和的控制系统时，饱和非线性的非光滑性是需要解决的难点，因此将饱和输入考虑到系统中具有实际意义和挑战性. 关于三角结构系统的输入饱和，近年来引起了众越多学者们的关注，也呈现了很多成果[77-85]. Li 等[82]针对具有饱和输入的随机非三角结构系统设计了自适应模糊控制策略，达到了控制目标. 鉴于实际系统状态经常受到物理条件的限制，将饱和考虑到带约束状态的非三角结构系统中是很重要且有意义的.

（4）死区.

在很多工业系统中，作为非光滑非线性函数之一的死区经常出现. 出现死区的主要原因是物理性能的限制. 比如在机电系统中，干摩擦和黏力是机电系统死区非线性的常见来源且部件表面的温度变化也会出现因死区效应产生相应的变化[86]. 死区的存在是非常有害的，如果处理不得当，会降低系统性能使系统输出或调节不够准确甚至可能由于参数选择的不适当而使系统无法正常运行. 关于执行器中出现的死区问题，Tong 等[87]针对状态不可测的非三角结构系统，考虑了其具有切换和输入死区情形下的控制问题，设计了自适应模糊控制器从而证明了闭环系统的稳定性. 将死区考虑到非三角系统的控制中无疑是更广泛的，当同时考虑约束问题时，研究将更有意义.

（5）容错.

在实际控制中也许经常会遇到各种故障，如执行器故障或传感器故障等. 如果故障处理不好，会给系统带来很大的危害，一般方法是采用故障补偿来防止系统性能恶化从而保证系统的可靠性和安全性. 近年来，为解决执行器故障，学者们提出了许多基于神经网络逼近和模糊逻辑逼近的控制方法[88-91]. Su 等[92]针对具有容错故障的非三角结构系统，在考虑输出约束的情形下，研究了其容错控制，设计了自适应模糊控制器，达成了控制目标. 但研究中没有考虑到系统的全状态约束问题，结合容错问题在实际中出现的频繁性，将容错考虑到非三角结构全状态约束系统中进行研究是有意义的.

（6）互联.

互联系统是由一系列相关的子系统和交互子系统组成的，实际系统中的很多系统可以描述为互联系统，如电力系统、化学系统、经济系统、航空系统等. 由于子系统之间控制合成的复杂性和信息交换的物理限制性，通常会为整个互联系统设计一个分散的控制器去实现控制目标. 所谓分散控制，指利用各个子系统的信息构成若干局部控制器以实现整个大系统的稳定. 针对分散控制法拟解决的关键问题就是关联项的处理. 在早期当系统中的不确定项满足匹配条件时，Datta[93]基于模型参考方法设计了一种分散控制自适应方法. 当不确定项不满足匹配条件时，Wen[94]基于 Backstepping 方法给出控制策略. 关于关联大系统的研究也涌现了很多成果[95][96-101]. Niu 等[61]针对非三角结构互联系统，设计了自适应模糊控制器，实现了控制目标. 但研究中没有考虑到系统的时延和全状态约束问题，由于在实际中时延的不可避免和客观因素的限制，将时延和约束考虑到非三角结构互联系统中是有意义的.

1.2.3 具有约束非线性系统的自适应 Backstepping 研究现状

由于实际的需要，如化学反应器的温度、物理停顿、灵活起重机系统等的性能约束，约束问题在近些年来引起了学者们的广泛关注，成为重要的研究领域. 约束可能出现在输入[71-79]、输出[102-104]、状态[105-109]等方面. 针对约束情形的不同，学者们提出了很多控制设计方法，如对于输入约束，主要是通过加入一个辅助设计系统来解决；对于输出和状态约束，主要有模型预测控制法[110]、不变域方法[111-112]、BLF[113-121]方法和预设性能控制方法等. 其中，BLF（障碍李雅普诺夫函数）方法处理约束控制是目前使用较多的一种方法. BLF 属于 Lyapunov 函数的一类，因此它也具有 Lyapunov 的优点，即不需要确切知道系统的解而通过对 BLF 导数性质的分析来保证系统的稳定性和约束不会被违反. 相较传统的 Lyapunov 函数，BLF 的主要特征是误差变量趋近于一定的边界量时，函数值将趋于无穷大. 目前，它已成为研究输出约束和状态约束最主要的方法之一，它的出现大大促进了状态约束和输出约束的发展[102-109][121-128]. Ngo 等[113]针对 Brunovsky 系统依据 BLF 的思想解决了部分状态约束的限制问题. Tee 等[102]首次给出 BLF 的严格定义且针对输出约束问题给出跟踪控制策略. Ren 等[115]设计出自适应输出反馈控制器来满足全状态受约束的非线性系统. 随着约束问题研究的愈发深入，近些年来出现了很多研究方式和成果，如基于对数 BLF[102-103, 113-115, 117, 119, 120-127]、基于正切 BLF[104,105, 128,129]、基于积分 BLF[107-109]. 除静态对称约束外，Tee 等[103]构造了新的 BLF 从解决时变非对称约束控制问题. 尽管基于 BLF 约束的研究已经取得了一定的成果，但是这些系统的研究还非常有限，我们有必要推广到更广泛的系统，即非三角结构系统中，因此研究受约束的非三角结构系统自适应控制问题是非常有意义的，它是本书的另一个研究重点.

1.3 主要研究内容

由于纯反馈系统研究的发展，在固定时间严反馈自适应控制的基础上，结合模糊逻辑系统强大的逼近能力，约束控制理论. 本书首先针对受约束的纯反馈系统研究其固定时间的自适应控制问题. 另外，本书还将研究几类受约束的非三角结构系统的自适应控制问题，且考虑其在饱和、死区、容错、时延等因素影响下的自适应控制问题. 设计出的自适应控制协议均保证了控制目标的实现.

全文共分 8 章，具体工作和内容组织如下：

第 1 章讲述了本书的研究目标和意义，非线性系统控制背景和 Backstepping 方法及自适应 Backstepping 的发展. 重点论述了基于神经网络或模糊逻辑逼近的不确定系统自适应控制的发展，以及约束系统自适应控制的发展现状和研究现状.

第 2 章简要介绍将要用到的一些数学和控制理论基础知识，包括模糊逻辑逼近理论，一些常用的不等式以及 BLF 的定义和有关引理.

第 3 章针对一类纯反馈系统研究其固定时间全状态约束控制问题. 应用均值定理来处理纯反馈系统的闭环.本章主要研究的是固定时间控制，即系统在固定时间达到控制目标，同时考虑系统的状态约束问题，这在实际中更实用、更有意义. 通过结合 BLF、FLS 和 Backstepping 技术设计出控制器.

第 4 章基于状态不可测情形考虑了一类非三角结构系统的跟踪控制问题. 与状态已知相比，本章的状态变量是未知的，这也比较符合遇到的实际情形. 本章采用线性状态观测器来估计未知状态变量，采用分离变量原理来克服系统的非三角结构困难，用动态面控制方法来降低计算量，克服出现的“计算膨胀”问题，用 NN 的万能逼近能力去逼近未知的非线性函数，并且将输入饱和问题考虑到本系统中，这使得本研究更具有实际意义. 另外，本章还考虑了时延和约束的控制问题，基于 BLF 和 Backstepping 方法设计的输出反馈控制策略，不仅保证所有闭环信号都是有界的且满足所有状态约束条件.

第 5 章考虑了一类具有随机扰动的非三角结构系统的控制问题.为避免之前非三角结构系统设计过程中采用分离变量法使得推导过程复杂，本章利用基于模糊基函数性质的占优方法来克服非三角结构困难问题，这在一定程度上降低了保守性. 在很多实际情况中，系统控制方向可能是未知的，本章考虑了控制方向未知的情况，采用 Nussbaum 函数的解决方法. 同时，本章还考虑了状态约束问题和实际中容易出现的死区问题，采用 BLF 和 Backstepping 方法设计出基于死区输入的自适应模糊控制器，它保证所有闭环信号都是有界的，在概率意义下满足所有状态约束条件.

第 6 章考虑了两类非三角结构关联系统的自适应控制问题. 本章第一部分研究了具有常值约束的关联系统的控制问题，实际中关联系统普遍存在，所以对该问题的研究是重要的. 在这部分考虑了时延问题和状态约束问题,同时由于容错在实际中也经常要被考虑到,加入了容错控制问题. 第二部分研究了时变约束的关联系统的自适应模糊控制问题. 与常值静态约束不同，它的解决方案要更复杂. 为了克服系统的非三角结构这两部分问题，本章均采用占优方法，同时应用 BLF 和时变 BLF 来处理状态约束问题，结合自适应 Backstepping 方法设计出自适应控制器，使得控制目标实现.

第 7 章设计了一种自适应模糊控制器来解决一类不确定非三角结构系统的非对称时变全状态约束的控制问题. 本章采用占优方法,克服了被控系统的非三角结构困难问题. 与之前的常值约束和对称动态约束相比,本章针对的是时变动态非对称约束的非三角结构系统的研究问题，由于在实际中这种问题更普遍，所以该研究是很有意义的. 本章采用 FLS 逼近未知的非线性函数，结合 ABLF 和 Backstepping 方法设计出自适应模糊控制策略，可以保证控制目标的实现.

第 8 章对全书的研究工作进行总结，同时结合本书的研究内容给出今后需要进一步探讨和研究的方向.

2

数学和控制理论预备知识

本章简要介绍一些数学和控制理论基础知识，包括模糊逻辑逼近理论、BLF 的定义和有关引理及一些常用的不等式.

2.1　系统稳定性相关定义和引理

考虑非线性系统

$$\dot{\boldsymbol{x}} = f(\boldsymbol{x},t),\quad \boldsymbol{x}(t_0) = x_0 \tag{2-1}$$

其中，$\boldsymbol{x} \in \mathbf{R}^n$ 表示系统状态，非线性函数 $f(\boldsymbol{x},t)$ 关于时间 t 是分段连续的，关于 $\boldsymbol{x}$ 是局部 Lipschitz 连续的. 满足 $f(\boldsymbol{x}^*,t) = 0, \forall t \geqslant t_0$ 的点 $\boldsymbol{x}^*$ 为系统平衡点. 假定 $\boldsymbol{x}^* = \mathbf{0}$，系统以 $\boldsymbol{x}(t_0) = x_0$ 为初始条件的解记为 $\boldsymbol{x}(t,t_0,x_0)$，简记为 $\boldsymbol{x}(t)$.

针对系统（2-1），下面给出相关的稳定性概念.

定义 2.1[130]　假设 $\boldsymbol{\Omega} \subset \mathbf{R}^n$ 是一紧集，则称系统（2-1）的平衡点 $x = 0$ 是局部（全局）一致稳定的. 如果存在 $\gamma(\cdot) \in K$，使得

$$|\boldsymbol{x}(t)| \leqslant \gamma(|x_0|), \forall t \geqslant t_0 \geqslant 0, x_0 \in \Omega \tag{2-2}$$

定义 2.2[130]　如果对于 $\forall \alpha > 0$ 和 $t_0 \geqslant 0$，总存在不依赖于 t_0 的 $\beta(\alpha) > 0$，使得若 $|x_0| \leqslant \alpha$，就有 $|\boldsymbol{x}(t)| \leqslant \beta(\alpha), \forall t \geqslant t_0$，则称解 $\boldsymbol{x}(t)$ 一致有界.

定义 2.3[130]　如果对于 $\forall \alpha > 0$ 和 $t_0 \geqslant 0$，存在 $\beta(\alpha) > 0$ 和不依赖 t_0 的时刻 $T(\alpha) > 0$，使得只要 $|x_0| \leqslant \alpha$，就有 $|\boldsymbol{x}(t)| \leqslant \beta(\alpha), \forall t \geqslant t_0 + T(\alpha)$，则称解 $\boldsymbol{x}(t)$ 一致最终有界.

引理 2.1[130] 假设$\boldsymbol{\Omega} \subset \mathbf{R}^n$是一紧集，若存在连续可微函数$V:\mathbf{R}^n \times \mathbf{R}^+ \to \mathbf{R}^+$，使得

$$\gamma_1(|\boldsymbol{x}(t)|) \leqslant V(\boldsymbol{x},t) \leqslant \gamma_2(|\boldsymbol{x}(t)|) \tag{2-3}$$

$$\dot{V} = \frac{\partial V}{\partial t} + \frac{\partial V}{\partial \boldsymbol{x}} f(\boldsymbol{x},t) \leqslant -\lambda V + \delta \tag{2-4}$$

对于$\forall t \geqslant 0$和$\forall \boldsymbol{x} \in \boldsymbol{\Omega}$成立，其中$\gamma_1, \gamma_2 \in K_\infty$，$\lambda$为常数且$\lambda > 0, \delta > 0$，则有

$$V(t) \leqslant V(0)\mathrm{e}^{-\lambda t} + \frac{\lambda}{\delta} \tag{2-5}$$

即系统$\boldsymbol{x}(t)$局部（或全局）一致最终有界.

引理 2.2[58] 考虑非线性系统

$$\dot{\boldsymbol{x}}(t) = f(t,\boldsymbol{x}),\ \boldsymbol{x}(0) = x_0$$

如果存在正定函数$V(\boldsymbol{x})$及常数$\alpha, \beta > 0,\ p > 1,\ 0 < q < 1, 0 < \varpi < 1, 0 < \eta < \infty$，使得

$$\dot{V}(\boldsymbol{x}) \leqslant -\alpha V^p(\boldsymbol{x}) - \beta V^q(\boldsymbol{x}) + \eta \tag{2-6}$$

则系统是固定时间稳定的，停止时间T被估计为

$$T \leqslant T_{\max} := \frac{1}{\alpha(1-\varpi)(p-1)} + \frac{1}{\beta(1-q)} \tag{2-7}$$

定义 2.4[131] 考虑时延非线性系统

$$\dot{\boldsymbol{x}}(t) = f(t,\boldsymbol{x}_t) \tag{2-8}$$

其中，$\boldsymbol{f}:\mathbf{R} \times \mathbf{R}^n \to \mathbf{R}^n$是连续向量值函数；$x_t$是转换算子，$x_t(\theta) = x(t+\theta), \theta \in [-\tau, 0]$，$\tau > 0$；$\boldsymbol{x}(t) = x_t(0)$，$C\{[-\tau,0],\mathbf{R}^n\}$表示$[-\tau,0] \to \mathbf{R}^n$连续向量值函数集合，记$\boldsymbol{x}_{t_0}(\theta) = \boldsymbol{x}(\theta) = x_{t_0}$为初始条件，其解为$\boldsymbol{x}(t,t_0,x_{t_0})$．假设存在$\eta_1, \eta_2 \in K_\infty$，$V(t,x_t) \in C\{[\mathbf{R}_+ \times C[-\tau,0],\mathbf{R}]\}$满足

$$\eta_1(\|\boldsymbol{x}(t)\|)\leqslant V(t,x_t)\leqslant \eta_2(\|x_t\|) \tag{2-9}$$

$$\dot{V}(t,x_t)\leqslant -cV(t,x_t)+\delta \tag{2-10}$$

其中，c,δ 为正常数，则微分方程（2-8）的解是一致有界的.

2.2 模糊逻辑系统

对于不确定的非线性系统，模糊逻辑系统体现了强大的逼近能力，下面对模糊逻辑系统理论做简要介绍.

模糊逻辑系统作为一种经常用到的函数逼近器，它包含 4 个部分：知识库、模糊化算子、模糊推理机制、去模糊化算子. 其中，知识库由模糊规则组成，第 l 条模糊规则为

$$\begin{aligned}&\text{如果}\ \ z_1\ \text{is}\ \ G_1^l,\ \ z_2\ \text{is}\ \ G_2^l,\cdots,\ \ z_n\ \text{is}\ \ G_n^l,\\&\text{则}\ \ y\ \text{is}\ \ N_l,\ \ l=1,\cdots,p.\end{aligned} \tag{2-11}$$

其中，$\boldsymbol{z}=[z_1,z_2,\cdots,z_n]^{\mathrm{T}}$ 表示模糊输入；y 表示模糊输出；G_i^l 和 N_l 是模糊规则；p 为模糊规则的数目. 经过模糊化、中心平均去模糊化及逻辑推理，模糊逻辑系统可以写成下列形式：

$$y(\boldsymbol{z})=\frac{\sum_{l=1}^{p}\bar{y}^l\prod_{i=1}^{n}\mu_{G_i^l}(z_i)}{\sum_{l=1}^{p}\left[\prod_{i=1}^{n}\mu_{G_i^l}(z_i)\right]} \tag{2-12}$$

其中，$\bar{y}^l=\arg\max\limits_{y\in\mathbf{R}}\mu_{G_i^l}(y)$.

记模糊基函数为

$$\zeta_l=\frac{\prod_{i=1}^{n}\mu_{G_i^l}(z_i)}{\sum_{l=1}^{p}\left[\prod_{i=1}^{n}\mu_{G_i^l}(z_i)\right]} \tag{2-13}$$

记向量

$$\boldsymbol{\varphi}=(\bar{y}^1,\bar{y}^2,\cdots,\bar{y}^p)^{\mathrm{T}},\ \ \boldsymbol{\zeta}(z)=(\zeta_1(z),\zeta_2(z),\cdots,\zeta_p(z))^{\mathrm{T}}$$

则式（2-1）可以表示为

$$y(z)=\boldsymbol{\varphi}^{\mathrm{T}}\boldsymbol{\zeta}(z) \tag{2-14}$$

引理 2.3[9] 对于定义在紧集 $\boldsymbol{\Omega}\subset\mathbf{R}^n$ 上的连续函数 $\phi(x)$，总存在一个模糊逻辑系统（2-15），使得对于 $\forall\varepsilon>0$，都有

$$\sup_{x\in\Omega}|\phi(x)-\boldsymbol{\varphi}^{\mathrm{T}}\boldsymbol{\zeta}(z)|\leqslant\varepsilon \tag{2-15}$$

在控制理论中，除了模糊逻辑系统，还有其他的函数逼近器，如神经网络[211]等.

2.3 障碍李雅普诺夫函数定义及相关引理

定义 2.7[132] 设 $V(\boldsymbol{x})$ 是一个标量函数，D 是一个包含原点的开区域，如果定义在 D 上关于系统 $\dot{\boldsymbol{x}}=f(\boldsymbol{x})$ 的函数 $V(\boldsymbol{x})$ 满足：它是光滑正定的；在 D 上的每一点一阶偏导数连续；当 $\boldsymbol{x}$ 趋于 D 的边界时 $V(\boldsymbol{x})\to\infty$；当 $\boldsymbol{x}(0)\in D$，沿着系统 $\dot{\boldsymbol{x}}=f(\boldsymbol{x})$ 的解有 $V(\boldsymbol{x}(t))\leqslant b,\forall t>0$ 成立，则称这样的函数 $V(\boldsymbol{x})$ 为障碍李雅普诺夫函数（BLF）.

引理 2.4[132] 设 k_{b_i} 为正常数，$Z:=\{z\in\mathbf{R}^n:|z_i|<k_{b_i},i=1,2,\cdots,n\}\subset\mathbf{R}^n$，$Z_i:=\{z_i\in\mathbf{R}:|z_i|<k_{b_i}\}\subset\mathbf{R}(i=1,2,\cdots,n)$，开集 $N:=\mathbf{R}^l\times Z\subset\mathbf{R}^{n+l}$，对于系统

$$\dot{\boldsymbol{\eta}}=h(t,\eta) \tag{2-16}$$

状态 $\boldsymbol{\eta}:=[\omega,Z]^{\mathrm{T}}\in N$，$h:\mathbf{R}^+\times N\to\mathbf{R}^{n+l}$. 假设存在连续可微正定函数 $U:\mathbf{R}^l\to\mathbf{R}_+$ 和 $V_i:Z_i\to\mathbf{R}_+(i=1,\cdots,n)$，满足

当 $z_i\to\pm k_{b_i}$ 时,

$$V_i(z_i)\to+\infty \tag{2-17}$$

则

$$\gamma_1(|\omega|)\leqslant U(\omega)\leqslant\gamma_2(|\omega|) \tag{2-18}$$

其中，γ_1,γ_2 为 K_∞ 函数. 设 $V(\boldsymbol{\eta}):=\sum_{i=1}^{n}V_i(z_i)+U(\omega)$，$z_i(0)\in(-k_{b_i},k_{b_i})$，如果有如下不等式成立：

$$\dot{V}=\frac{\partial V}{\partial\boldsymbol{\eta}}h\leqslant-cV+\beta \tag{2-19}$$

其中，c, β 是正常数，则

$$z_i(t) \in (-k_{b_i}, k_{b_i})$$

2.4 常用不等式

不等式 2.1[121] 对于任意的 $|z_i| < k_{b_i}$，k_{b_i} 是任意的正常数，有如下不等式成立：

$$\log \frac{k_{b_i}^2}{k_{b_i}^2 - z_i^2} \leqslant \frac{z_i^2}{k_{b_i}^2 - z_i^2} \tag{2-20}$$

不等式 2.2[133]（Young's 不等式）：设 $\boldsymbol{x} \in \mathbf{R}^n$，$\boldsymbol{y} \in \mathbf{R}^n$，$p, q > 0$，且 $p^{-1} + q^{-1} = 1$，有下列不等式成立：

$$\boldsymbol{x}^{\mathrm{T}} \boldsymbol{y} \leqslant \frac{1}{p} |\boldsymbol{x}|^p + \frac{1}{q} |\boldsymbol{y}|^q \tag{2-21}$$

不等式 2.3[133] 设 $x \in \mathbf{R}$，对任意给定的 $t > 0$，双曲正弦函数 $\tanh(\cdot)$ 满足

$$|x| \leqslant x \tanh \frac{x}{l} + lk \tag{2-22}$$

其中，$k = 0.278\,5$.

不等式 2.4[133] 设 $x \in \mathbf{R}$，对任意给定的 $\varepsilon > 0$，有下列不等式成立：

$$0 \leqslant |x| < \varepsilon + \frac{x^2}{\sqrt{x^2 + \varepsilon^2}} \tag{2-23}$$

不等式 2.5[134] 设 $\xi_1, \xi_2, \cdots, \xi_N \geqslant 0$ 和 $0 < p \leqslant 1$，有下列不等式成立：

$$\left(\sum_{i=1}^{N} \xi_i \right)^p \leqslant \sum_{i=1}^{N} \xi_i^p \tag{2-24}$$

不等式 2.6[135] 对 $\pi_1 > 0, \pi_2 > 0, \pi_3 > 0, \delta_1 \geqslant 0, \delta_2 \geqslant 0, \delta_3 \geqslant 0$，有下列不等式成立：

$$\delta_1^{\pi_1}\delta_2^{\pi_2}\delta_3 \leqslant \pi_3\varphi_1^{\pi_1+\pi_2} + \frac{\pi_2}{\pi_1+\pi_2}\left[\frac{\pi_1}{\pi_3(\pi_1+\pi_2)}\right]^{\frac{\pi_1}{\pi_2}}\delta_2^{\pi_1+\pi_2}\delta_3^{\frac{\pi_1+\pi_2}{\pi_2}} \tag{2-25}$$

不等式 2.7[58]　对 $x_i \geqslant 0(i=1,2,\cdots,n)$，有下列不等式成立：

$$\left(\sum_{i=1}^{n}x_i\right)^2 = \left(\sum_{i=1}^{n}1\cdot x_i\right)^2 \leqslant n\sum_{i=1}^{n}x_i^2 \tag{2-26}$$

3 纯反馈系统的全状态约束固定时间自适应模糊控制

3.1 引 言

基于神经网络和模糊逻辑逼近，一些研究者针对不同类型非仿射结构纯反馈系统设计出各种控制策略[45, 48, 136-139]. Wang 等[138]针对具有未知时延的非仿射纯反馈系统的自适应神经跟踪控制问题，给出控制器从而实现了所有信号都是一致最终有界的. Yun 等[139]针对纯反馈系统，研究了基于滤波驱动逼近的状态反馈和输出反馈问题，并证明闭环系统内所有信号是一致最终有界的. 值得注意的是，以上针对纯反馈系统的研究都集中在无限时间稳定上，即当时间趋于无限时控制目标才能实现. 然而在实际中，我们希望系统性能能在有限时间稳定或固定时间稳定.

近年来，纯反馈系统的有限时间控制方面呈现很多结果[140-144]. Ma 等[143]针对非仿射切换纯反馈系统，研究了基于观测器的输出反馈自适应有限时间模糊控制问题，证明闭环系统内所有信号是有限时间稳定的. 然而，在许多实际系统中，初始条件不容易得到，这样就得不到停止时间. 另外，停止时间与初始状态相关，会限制有限时间控制在实际中的应用. 为了克服以上两个问题，有些学者提出了固定时间控制概念. Polyakov[55]针对线性系统，研究了固定时间的反馈控制问题. 固定时间控制最主要的特征是停止时间的界是个常数，它和初始条件无关. 对固定时间的控制问题的研究也引起了学者的注意[56-58, 145]. 然而，上面都是针对严格反馈系统取得的研究成果. Xu[58]针对严格反馈系统，研究了固定时间的输出约束控制问题. 但是其研究有两点不足：一是研究对象是严反馈系统；二是研究的仅仅是输出约束问题，对整个系统的状态约束问题没有考虑. 目前，针对受约束纯反馈系统的固定时间的研究还很少，这是本章的研究动机.

基于上面的讨论，本章将对一类不确定纯反馈系统，研究其固定时间全状态约束控制问题. 通过构造新的李雅普诺夫函数，设计了一种自适应模糊控制器，证明了闭环系统是固定时间稳定且满足全状态约束条件的.

3.2 纯反馈系统的固定时间全状态约束自适应模糊控制

3.2.1 问题的提出

考虑如下纯反馈系统：

$$\begin{cases} \dot{x}_i = f_i(\bar{\boldsymbol{x}}_i, x_{i+1}), 1 \leqslant i \leqslant n-1 \\ \dot{x}_n = f_n(\boldsymbol{x}, u) \\ y = x_1 \end{cases} \tag{3-1}$$

其中，$\bar{\boldsymbol{x}}_i = (x_1, x_2, \cdots, x_i)^{\mathrm{T}}$，$\boldsymbol{x} = (x_1, x_2, \cdots, x_n)^{\mathrm{T}} \in \mathbf{R}^n$ 表示系统状态；u 表示控制输入信号；y 表示系统输出信号；$f_i(\cdot)$ 表示未知的光滑非线性函数且 $f_i(0)=0$. 设 M_i 是已知的正常数，全状态约束是使状态 $x_i(t)$ 满足 $|x_i(t)| < M_i$.

利用微分中值定理[45]，存在介于 0 和 x_{i+1} 之间的点 x_{i+1}^0 以及介于 0 和 u 之间的点 u^0，使得系统（3-1）转化为

$$\begin{cases} \dot{x}_i = f_i(\bar{\boldsymbol{x}}_i, 0) + \mu_i(\bar{\boldsymbol{x}}_i, x_{i+1}^0) x_{i+1} \\ \dot{x}_n = f_n(\boldsymbol{x}, 0) + \mu_n(\boldsymbol{x}, u^0) u \\ y = x_1 \end{cases} \tag{3-2}$$

其中，$\mu_i(\bar{\boldsymbol{x}}_i, x_{i+1}^0) = \left.\dfrac{\partial f_i(\bar{\boldsymbol{x}}_i, x_{i+1})}{\partial x_{i+1}}\right|_{x_{i+1}=x_{i+1}^0}, \mu_n(\boldsymbol{x}, u^0) = \left.\dfrac{\partial f_n(\boldsymbol{x}, u)}{\partial u}\right|_{u=u^0}$，称为系统（3-2）的控制系数.

为了书写方便，将 $\mu_i(\bar{\boldsymbol{x}}_i, x_{i+1}^0)$ 简单记作 $\mu_i(\cdot)$.

下面先给出需要用到的假设：

假设 3.1 当$1\leqslant i\leqslant n$，函数$\mu_i(\cdot)$未知但其符号已知且满足$\underline{\mu}_i\leqslant|\mu_i(\cdot)|\leqslant\bar{\mu}_i$，$\underline{\mu}_i,\bar{\mu}_i$是正常数. 不失一般性，假设$0<\underline{\mu}_i\leqslant\mu_i(\cdot)\leqslant\bar{\mu}_i$.

假设 3.2 目标轨线$y_r(t)$具有直到n阶导数，记$\bar{\boldsymbol{y}}_{ri}=[y_r,\cdots,y_r^{(i)}]^{\mathrm{T}}$，其中$y_r^{(i)}$是$y_r$的第$i$阶导数，并且$\bar{\boldsymbol{y}}_{ri}\in\boldsymbol{\Omega}_{ri}\in\mathbf{R}^{i+1}$，其中$\boldsymbol{\Omega}_{ri}$是已知紧集，$|y_r|\leqslant k_0$，$|y_r^{(i)}|\leqslant k_i$，$k_i>0$为已知常数且$M_1-k_0>0$.

本章对系统（3-2）设计了一种自适应控制策略，使得系统输出y在固定时间内尽可能跟踪到给定的轨线y_r，闭环系统内所有信号有界且全状态约束条件满足.

3.2.2 控制器设计

本节利用Backstepping方法来为系统（3-2）设计模糊自适应跟踪控制器.

第1步：误差定义$z_1=x_1-y_r$，$z_2=x_2-\alpha_1$，α_1为稳定化函数，则z_1的导数为

$$\dot{z}_1=\dot{x}_1-\dot{y}_r=f_1(x_1,0)+\mu_1(x_1,x_2^0)(z_2+\alpha_1)-\dot{y}_r \tag{3-3}$$

选择障碍李雅普诺夫函数V_1为

$$V_1=\frac{1}{2}\log\frac{k_{b_1}^2}{k_{b_1}^2-z_1^2}+\frac{\underline{\mu}_1}{2\gamma_1}\tilde{\theta}_1^2 \tag{3-4}$$

其中，γ_1是正的设计参数；$\tilde{\theta}_1=\theta_1-\hat{\theta}_1$表示估计误差，$\hat{\theta}_1$是$\theta_1$的估计量，$\theta_1$是待估重新参数化的参数；$k_{b_1}$是设计的误差变量$z_1$的界，其选择需满足状态$x_1$的约束.

对V_1求导，再结合$z_2=x_2-\alpha_1$，得

$$\dot{V}_1=m_1[f_1(x_1,0)+\mu_1(x_1,x_2^0)(z_2+\alpha_1)-\dot{y}_r]-\frac{\underline{\mu}_1}{\gamma_1}\tilde{\theta}_1\dot{\hat{\theta}}_1 \tag{3-5}$$

其中，$m_1=\dfrac{z_1}{(k_{b_1}^2-z_1^2)}$.

用模糊逻辑系统$\boldsymbol{\Psi}_1^{\mathrm{T}}\xi_1(x_1)$来逼近未知函数$\bar{f}_1(x_1)$，得

$$\bar{f}_1(x_1)=f_1(x_1,0)=\boldsymbol{\Psi}_1^{\mathrm{T}}\boldsymbol{\xi}_1(x_1)+\varepsilon_{\xi_1}(\boldsymbol{x}) \tag{3-6}$$

其中，$\varepsilon_{\xi_1}(x_1)$是逼近误差，满足$|\varepsilon_{\xi_1}(x_1)|\leqslant\varepsilon_1^*$，$\varepsilon_1^*>0$是常数.

将式（3-6）代入式（3-5），得

$$\dot{V}_1 = m_1[\boldsymbol{\Psi}_1^{\mathrm{T}}\boldsymbol{\xi}_1(x_1) + \varepsilon_{\xi_1}(x) + \mu_1(x_1, x_2^0)(z_2 + \alpha_1) - \dot{y}_r] - \frac{\underline{\mu}_1}{\gamma_1}\tilde{\theta}_1\dot{\hat{\theta}}_1 \tag{3-7}$$

根据假设 3.1 和 Young's 不等式，有如下不等式成立：

$$\begin{aligned} m_1\boldsymbol{\Psi}_1^{\mathrm{T}}\boldsymbol{\xi}_1(x_1) &\leqslant |m_1| \|\boldsymbol{\Psi}_1^{\mathrm{T}}\| \|\boldsymbol{\xi}_1(x_1)\| \\ &\leqslant m_1\theta_1 \|\boldsymbol{\xi}_1(x_1)\| \tanh\left(\frac{m_1\|\boldsymbol{\xi}_1(x_1)\|}{\varepsilon_{\theta_1}}\right) + \kappa\theta_1\varepsilon_{\theta_1} \end{aligned} \tag{3-8}$$

$$m_1\varepsilon_{\xi_1}(x_1) \leqslant \frac{\underline{\mu}_1}{2}m_1^2 + \frac{(\varepsilon_1^*)^2}{2\underline{\mu}_1} \tag{3-9}$$

$$m_1\mu_1(x_1, x_2^0)z_2 \leqslant \frac{\underline{\mu}_2}{2}m_1^2 z_2^2 + \frac{\overline{\mu}_1^2}{2\underline{\mu}_2} \tag{3-10}$$

$$-m_1\dot{y}_r \leqslant \frac{\underline{\mu}_1}{2}m_1^2(\dot{y}_r)^2 + \frac{1}{2\underline{\mu}_1} \tag{3-11}$$

其中，$\theta_1 = \|\boldsymbol{\Psi}_1^{\mathrm{T}}\|$，$\varepsilon_{\theta_1} > 0$ 为参数.

结合式（3-8）~式（3-11）以及式（3-7），得

$$\dot{V}_1 \leqslant m_1\left(\theta_1\|\boldsymbol{\xi}_1(x_1)\|\tanh\left(\frac{m_1\|\boldsymbol{\xi}_1(x_1)\|}{\varepsilon_{\theta_1}}\right) + \frac{\underline{\mu}_1}{2}m_1 + \frac{\underline{\mu}_2}{2}m_1 z_2^2 + \mu_1(x_1, x_2^0)\alpha_1 + \frac{\underline{\mu}_1}{2}m_1(\dot{y}_r)^2\right) -$$

$$\frac{1}{\gamma_1}\tilde{\theta}_1\dot{\hat{\theta}}_1 + \kappa\theta_1\varepsilon_{\theta_1} + \frac{\overline{\mu}_1^2}{2\underline{\mu}_2} + \frac{(\varepsilon_1^*)^2}{2\underline{\mu}_1} \tag{3-12}$$

利用不等式 2.4，设计虚拟控制变量 α_1 和参数自适应律 $\dot{\hat{\theta}}_1$ 如下：

$$\alpha_1 = -\frac{m_1\hat{\alpha}_1^2}{\underline{\mu}_1\sqrt{m_1^2\hat{\alpha}_1^2 + \varepsilon_1^2}} \tag{3-13}$$

$$\hat{\alpha}_1 = c_{11}\left(\frac{z_1 m_1}{2}\right)^{\frac{3}{5}} \Big/ m_1 + c_{12}\left(\frac{z_1 m_1}{2}\right)^2 \Big/ m_1 + \hat{\theta}_1\|\boldsymbol{\xi}_1(\bar{x}_1)\|\tanh\left(\frac{m_1\|\boldsymbol{\xi}_1(\bar{x}_1)\|}{\varepsilon_{\theta_1}}\right) + \frac{m_1}{2} + \frac{m_1\overline{\varpi}_1}{2} \tag{3-14}$$

$$\dot{\hat{\theta}}_1=\gamma_1\left(m_1\|\boldsymbol{\xi}_1(x_1)\|\tanh\left(\frac{m_1\|\boldsymbol{\xi}_1(x_1)\|}{\varepsilon_{\theta_1}}\right)-\sigma_1\hat{\theta}_1-\frac{k_1\hat{\theta}_1^3}{\gamma_1}\right) \tag{3-15}$$

其中，c_{11}，c_{12}，ε_1 为正的设计参数，$\varpi_1=(\dot{y}_r)^2$.

将式（3-13）和式（3-15）代入式（3-12），得

$$\dot{V}_1\leqslant -c_{11}\left(\frac{z_1m_1}{2}\right)^{\frac{3}{5}}-c_{12}\left(\frac{z_1m_1}{2}\right)^{\frac{2}{3}}+\frac{\underline{\mu}_2}{2}z_2^2m_1^2+\frac{\sigma_1\tilde{\theta}_1\hat{\theta}_1}{\gamma_1}+\frac{k_1\tilde{\theta}_1\hat{\theta}_1^3}{\gamma_1^2}+$$

$$\kappa\theta_1\varepsilon_{\theta_1}+\frac{\overline{\mu}_1^2}{2\underline{\mu}_2}+\frac{(\varepsilon_1^*)^2}{2\underline{\mu}_1} \tag{3-16}$$

第 i 步 $(2\leqslant i\leqslant n-1)$：定义误差 $z_i=x_i-\alpha_{i-1}$，则有

$$\dot{z}_i=\dot{x}_i-\dot{\alpha}_{i-1}=f_i(\overline{\boldsymbol{x}}_i,0)+\mu_i(\overline{\boldsymbol{x}}_i,x_{i+1}^0)(z_{i+1}+\alpha_i)-\dot{\alpha}_{i-1} \tag{3-17}$$

其中，

$$\dot{\alpha}_{i-1}=\sum_{j=1}^{i-1}\frac{\partial\alpha_{i-1}}{\partial x_j}(f_j(\overline{\boldsymbol{x}}_j,0)+\mu_j(\overline{\boldsymbol{x}}_j,x_{j+1}^0)x_{j+1})+\sum_{j=0}^{i-1}\frac{\partial\alpha_{i-1}}{\partial y_r^{(j)}}y_r^{(j+1)}+\sum_{j=1}^{i-1}\frac{\partial\alpha_{i-1}}{\partial\hat{\theta}_j}\dot{\hat{\theta}}_j$$

构造障碍李雅普诺夫函数 V_i 为

$$V_i=V_{i-1}+\frac{1}{2}\log\frac{k_{b_i}^2}{k_{b_i}^2-z_i^2}+\frac{\underline{\mu}_i}{2\gamma_i}\tilde{\theta}_i^2 \tag{3-18}$$

其中，k_{b_i} 是正的参数，k_{b_i} 是设计的误差变量 z_i 的界，其选择需满足状态 x_i 的约束；γ_i 是正的设计参数；$\tilde{\theta}_i=\theta_i-\hat{\theta}_i$ 表示估计误差，$\hat{\theta}_i$ 是 θ_i 的估计量，θ_i 是待估重新参数化的参数.

由式（3-18）可得

$$\dot{V}_i=\dot{V}_{i-1}+m_i(f_i(\overline{\boldsymbol{x}}_i,0)+\mu_i(x_i,x_{i+1}^0)(z_{i+1}+\alpha_i)-\dot{\alpha}_{i-1})-\frac{\underline{\mu}_i}{\gamma_i}\tilde{\theta}_i\dot{\hat{\theta}}_i \tag{3-19}$$

其中，$m_i=\dfrac{z_i}{(k_{b_i}^2-z_i^2)}$.

根据假设 3.1 和 Young's 不等式，有如下不等式成立：

$$-m_i\sum_{j=1}^{i-1}\frac{\partial\alpha_{i-1}}{\partial x_j}\mu_j(\bar{\boldsymbol{x}}_j,x_{j+1}^0)x_{j+1}\leqslant\frac{1}{2\underline{\mu}_i}\sum_{j=1}^{i-1}\bar{\mu}_j^2+\frac{\underline{\mu}_i}{2}m_i^2\left(\sum_{j=1}^{i-1}\frac{\partial\alpha_{i-1}}{\partial x_j}x_{j+1}\right)^2 \tag{3-20}$$

$$-m_i\sum_{j=1}^{i-1}\frac{\partial\alpha_{i-1}}{\partial y_r^{(j)}}y_r^{(j+1)}\leqslant\frac{i-1}{2\underline{\mu}_i}+\frac{\underline{\mu}_i}{2}m_i^2\left(\sum_{j=1}^{i-1}\frac{\partial\alpha_{i-1}}{\partial y_d^{(j)}}y_r^{(j+1)}\right)^2 \tag{3-21}$$

$$-m_i\sum_{j=1}^{i-1}\frac{\partial\alpha_{i-1}}{\partial\hat{\theta}_j}\dot{\hat{\theta}}_j\leqslant\frac{i-1}{2\underline{\mu}_i}+\frac{\underline{\mu}_i}{2}m_i^2\sum_{j=1}^{i-1}\left(\frac{\partial\alpha_{i-1}}{\partial\hat{\theta}_j}\dot{\hat{\theta}}_j\right)^2 \tag{3-22}$$

将式（3-20）~式（3-22）代入式（3-19）中，用模糊逻辑系统 $\boldsymbol{\Psi}_i^{\mathrm{T}}\boldsymbol{\xi}_i(\bar{\boldsymbol{x}}_i)$ 来逼近未知非线性函数 $\bar{f}_i(\bar{\boldsymbol{x}}_i)$，即

$$\bar{f}_i(\bar{\boldsymbol{x}}_i)=f_i(\bar{\boldsymbol{x}}_i,0)-\sum_{j=1}^{i-1}\frac{\partial\alpha_{i-1}}{\partial x_j}f_j(\bar{\boldsymbol{x}}_j,0)=\boldsymbol{\Psi}_i^{\mathrm{T}}\boldsymbol{\xi}_i(\bar{\boldsymbol{x}}_i)+\varepsilon_{\xi_i}(\bar{\boldsymbol{x}}_i) \tag{3-23}$$

其中，$\varepsilon_{\xi_i}(\bar{\boldsymbol{x}}_i)$ 是逼近误差，满足 $|\varepsilon_{\xi_i}(\bar{\boldsymbol{x}}_i)|\leqslant\varepsilon_i^*$，$\varepsilon_i^*>0$ 为常数.

由式（3-20）~式（3-23），得

$$\dot{V}_i\leqslant m_i\left(\boldsymbol{\Psi}_i^{\mathrm{T}}\boldsymbol{\xi}_i(\bar{\boldsymbol{x}}_i)+\varepsilon_{\xi_i}(\bar{\boldsymbol{x}}_i)+\mu_i(x_i,x_{i+1}^0)(z_{i+1}+\alpha_i)-\frac{\underline{\mu}_i\bar{\varpi}_i}{2}m_i\right)+$$

$$\frac{1}{2\underline{\mu}_i}\sum_{j=1}^{i-1}\bar{\mu}_j^2+\frac{i-1}{\underline{\mu}_i}-\frac{\underline{\mu}_i}{\gamma_i}\tilde{\theta}_i\dot{\hat{\theta}}_i+\dot{V}_{i-1} \tag{3-24}$$

其中，

$$\bar{\varpi}_i=\sum_{j=0}^{i-1}\left(\frac{\partial\alpha_{i-1}}{\partial y_r^{(j)}}y_r^{(j+1)}\right)^2+\sum_{j=1}^{i-1}\left(\frac{\partial\alpha_{i-1}}{\partial\hat{\theta}_j}\dot{\hat{\theta}}_j\right)^2+\sum_{j=1}^{i-1}\left(\frac{\partial\alpha_{i-1}}{\partial x_j}x_{j+1}\right)^2$$

根据假设 3.1 和 Young's 不等式，有

$$\begin{aligned}m_i\boldsymbol{\Psi}_i^{\mathrm{T}}\boldsymbol{\xi}_i(\bar{\boldsymbol{x}}_i)&\leqslant|m_i|\,\|\boldsymbol{\Psi}_i^{\mathrm{T}}\|\,\|\boldsymbol{\xi}_i(\bar{\boldsymbol{x}}_i)\|\\&\leqslant m_i\theta_i\|\boldsymbol{\xi}(\bar{\boldsymbol{x}}_i)\|\tanh\left(\frac{m_i\|\boldsymbol{\xi}_i(\bar{\boldsymbol{x}}_i)\|}{\varepsilon_{\theta_i}}\right)+\kappa\theta_i\varepsilon_{\theta_i}\end{aligned} \tag{3-25}$$

$$m_i\varepsilon_{\xi_i}(\bar{\boldsymbol{x}}_i)\leqslant\frac{\underline{\mu}_i}{2}m_i^2+\frac{(\varepsilon_i^*)^2}{2\underline{\mu}_i} \tag{3-26}$$

$$m_i\mu_i(x_i,x_{i+1}^0)z_{i+1}\leqslant\frac{\underline{\mu}_{i+1}}{2}m_i^2+\frac{\bar{\mu}_i^2}{2\underline{\mu}_{i+1}} \tag{3-27}$$

其中，$\theta_i=\|\boldsymbol{\Psi}_i^{\mathrm{T}}\|$，$\varepsilon_{\theta_i}>0$ 为参数.

将式（3-25）~式（3-27）代入式（3-24），得

$$\dot{V}_i\leqslant m_i\left(\theta_i\|\boldsymbol{\xi}_i(\bar{\boldsymbol{x}}_i)\|\tanh\left(\frac{m_i\|\boldsymbol{\xi}_i(\bar{\boldsymbol{x}}_i)\|}{\varepsilon_{\theta_i}}\right)+\frac{\underline{\mu}_i}{2}m_i+\frac{\underline{\mu}_{i+1}}{2}z_{i+1}^2m_i+\mu_i(\bar{\boldsymbol{x}}_i,x_{i+1}^0)\alpha_i-\frac{\underline{\mu}_i\bar{\varpi}_i}{2}m_i\right)+$$

$$\frac{1}{2\underline{\mu}_i}\sum_{j=1}^{i-1}\bar{\mu}_j^2+\frac{i-1}{\underline{\mu}_i}+\kappa\theta_i\varepsilon_{\theta_i}+\frac{\bar{\mu}_i^2}{2\underline{\mu}_{i+1}}+\frac{(\varepsilon_i^*)^2}{2\underline{\mu}_i}-\frac{\underline{\mu}_i}{\gamma_i}\tilde{\theta}_i\dot{\hat{\theta}}_i+\dot{V}_{i-1} \tag{3-28}$$

利用不等式 2.4，设计虚拟控制变量 α_i 和参数自适应律 $\dot{\hat{\theta}}_i$ 如下：

$$\alpha_i=-\frac{m_i\hat{\alpha}_i^2}{\underline{\mu}_i\sqrt{m_i^2\hat{\alpha}_i^2+\varepsilon_i^2}},\ 1\leqslant i\leqslant n-1 \tag{3-29}$$

$$\hat{\alpha}_i=c_{i1}\left(\frac{z_im_i}{2}\right)^{\frac{3}{5}}\Big/m_i+c_{i2}\left(\frac{z_im_i}{2}\right)^2\Big/m_i+\hat{\theta}_i\|\boldsymbol{\xi}_i(\bar{\boldsymbol{x}}_i)\|\tanh\left(\frac{m_i\|\boldsymbol{\xi}_i(\bar{\boldsymbol{x}}_i)\|}{\varepsilon_{\theta_i}}\right)+$$

$$\frac{m_i}{2}+\frac{m_i\bar{\varpi}_i}{2}+\frac{m_{i-1}^2z_i(k_{b_i}^2-z_i^2)}{2} \tag{3-30}$$

$$\dot{\hat{\theta}}_i=\gamma_i\left(m_i\|\boldsymbol{\xi}_i(\bar{\boldsymbol{x}}_i)\|\tanh\left(\frac{m_i\|\boldsymbol{\xi}_i(\bar{\boldsymbol{x}}_i)\|}{\varepsilon_{\theta_i}}\right)-\sigma_i\hat{\theta}_i-\frac{k_i\hat{\theta}_i^3}{\gamma_i}\right) \tag{3-31}$$

其中，c_{i1}，c_{i2}，ε_i 为正的参数.

将式（3-29）~式（3-31）代入式（3-28），得

$$\dot{V}_i\leqslant-\sum_{j=1}^{i}c_{j1}\left(\frac{z_jm_j}{2}\right)^{\frac{3}{5}}-\sum_{j=1}^{i}c_{j2}\left(\frac{z_jm_j}{2}\right)^2+\frac{\underline{\mu}_{i+1}}{2}z_{i+1}^2m_i^2+\sum_{j=1}^{i}\left(\frac{\sigma_j\tilde{\theta}_j\hat{\theta}_j}{\gamma_j}\right)+\sum_{j=1}^{i}\frac{k_j\tilde{\theta}_j\hat{\theta}_j^3}{\gamma_j^2}+\Delta_i \tag{3-32}$$

其中，

$$\Delta_i = \Delta_{i-1} + \frac{1}{2\underline{\mu}_i}\sum_{j=1}^{i-1}\bar{\mu}_j^2 + \frac{i-1}{\underline{\mu}_i} + \kappa\theta_i\varepsilon_{\theta_i} + \frac{\bar{\mu}_i^2}{2\underline{\mu}_{i+1}} + \frac{(\varepsilon_i^*)^2}{2\underline{\mu}_i}$$

第 n 步：设计出实际控制器 u . 根据误差 $z_n = x_n - \alpha_{n-1}$ ，有

$$\dot{z}_n = f_n(\bar{\boldsymbol{x}}_n,0) + \mu_n(\bar{\boldsymbol{x}}_n,u^0)u - \dot{\alpha}_{n-1} \tag{3-33}$$

其中，

$$\dot{\alpha}_{n-1} = \sum_{j=1}^{n-1}\frac{\partial\alpha_{n-1}}{\partial x_j}(f_j(\bar{\boldsymbol{x}}_j,0) + \mu_j(\bar{\boldsymbol{x}}_j,x_{j+1}^0)x_{j+1}) + \sum_{j=0}^{n-1}\frac{\partial\alpha_{n-1}}{\partial y_r^{(j)}}y_r^{(j+1)} + \sum_{j=1}^{i-1}\frac{\partial\alpha_{i-1}}{\partial\hat{\theta}_j}\dot{\hat{\theta}}_j$$

选择如下障碍李雅普诺夫函数 V_n ：

$$V_n = V_{n-1} + \frac{1}{2}\log\frac{k_{b_n}^2}{k_{b_n}^2 - z_n^2} + \frac{\underline{\mu}_n}{2\gamma_n}\tilde{\theta}_n^2 \tag{3-34}$$

对 V_n 求导，得

$$\dot{V}_n = \dot{V}_{n-1} + m_n(f_n(\bar{\boldsymbol{x}}_n,0) + \mu_n(\bar{\boldsymbol{x}}_n,u^0)u - \dot{\alpha}_{n-1}) - \frac{\underline{\mu}_n}{\gamma_n}\tilde{\theta}_n\dot{\hat{\theta}}_n \tag{3-35}$$

其中， $m_n = \dfrac{z_n}{(k_{b_n}^2 - z_n^2)}$.

运用类似式（3-20）~式（3-22）的不等式且用模糊逻辑系统 $\boldsymbol{\Psi}_n^{\mathrm{T}}\boldsymbol{\xi}_n(\bar{\boldsymbol{x}}_n)$ 来逼近未知函数 $\bar{f}_n(\bar{\boldsymbol{x}}_n)$ ，则有

$$\bar{f}_n(\bar{\boldsymbol{x}}_n) = f_n(\bar{\boldsymbol{x}}_n,0) - \sum_{j=1}^{n-1}\frac{\partial\alpha_{n-1}}{\partial x_j}f_j(\bar{\boldsymbol{x}}_j,0) = \boldsymbol{\Psi}_n^{\mathrm{T}}\boldsymbol{\xi}_n(\bar{\boldsymbol{x}}_n) + \varepsilon_{\boldsymbol{\xi}_n}(\bar{\boldsymbol{x}}_n) \tag{3-36}$$

其中， $\varepsilon_{\boldsymbol{\xi}_n}(\bar{\boldsymbol{x}}_n)$ 是逼近误差，满足 $|\varepsilon_{\boldsymbol{\xi}_n}(\bar{\boldsymbol{x}}_n)| \leqslant \varepsilon_n^*$ ， $\varepsilon_n^* > 0$ 是常数.

将式（3-36）代入式（3-35），有

$$\dot{V}_n \leqslant m_n\left(\boldsymbol{\Psi}_n^{\mathrm{T}}\boldsymbol{\xi}_n(\bar{\boldsymbol{x}}_n) + \varepsilon_{\boldsymbol{\xi}_n}(\bar{\boldsymbol{x}}_n) + \mu_n(\bar{\boldsymbol{x}}_n,u^0)u - \frac{\underline{\mu}_n\bar{\omega}_n}{2}m_n\right) - \frac{\underline{\mu}_n}{\gamma_n}\tilde{\theta}_n\dot{\hat{\theta}}_n +$$

$$\frac{1}{2\underline{\mu}_n}\sum_{j=1}^{n}\bar{\mu}_j^2 + \frac{n-1}{\underline{\mu}_n} + \dot{V}_{n-1} \tag{3-37}$$

其中，

$$\bar{\varpi}_n = \sum_{j=0}^{n-1}\left(\frac{\partial \alpha_{n-1}}{\partial y_r^{(j)}} y_r^{(j+1)}\right)^2 + \sum_{j=1}^{n}\left(\frac{\partial \alpha_{n-1}}{\partial \hat{\theta}_j}\dot{\hat{\theta}}_j\right)^2 + \sum_{j=1}^{n-1}\left(\frac{\partial \alpha_{n-1}}{\partial x_j} x_{j+1}\right)^2$$

类似第 i 步，根据假设 3.1 和 Young's 不等式，有

$$\begin{aligned} m_n \boldsymbol{\Psi}_n^{\mathrm{T}} \boldsymbol{\xi}_n(\bar{\boldsymbol{x}}_n) &\leqslant m_n \|\boldsymbol{\Psi}_n^{\mathrm{T}}\| \|\boldsymbol{\xi}_n(\bar{\boldsymbol{x}}_n)\| \\ &\leqslant m_n\theta_n \|\boldsymbol{\xi}_n(\bar{\boldsymbol{x}}_n)\| \tanh\left(\frac{m_n \|\boldsymbol{\xi}_n(\bar{\boldsymbol{x}}_n)\|}{\varepsilon_{\theta_n}}\right) + \kappa\theta_n\varepsilon_{\theta_n} \end{aligned} \tag{3-38}$$

$$m_n \varepsilon_{\xi_n}(\bar{\boldsymbol{x}}_n) \leqslant \frac{\underline{\mu}_n}{2} m_n^2 + \frac{(\varepsilon_n^*)^2}{2\underline{\mu}_n} \tag{3-39}$$

其中，$\theta_n = \|\boldsymbol{\Psi}_n^{\mathrm{T}}\|$，$\varepsilon_{\theta_n} > 0$ 为参数.

将式（3-38）和式（3-39）代入式（3-37），设计控制器 u 和参数自适应律 $\dot{\hat{\theta}}_n$ 如下：

$$u = -\frac{m_n \hat{\alpha}_n^2}{\underline{\mu}_n \sqrt{m_n^2 \hat{\alpha}_n^2 + \varepsilon_n^2}} \tag{3-40}$$

$$\begin{aligned} \hat{\alpha}_n = {} & c_{n1}\left(\frac{z_n m_n}{2}\right)^{\frac{3}{5}} \Big/ m_n + c_{n2}\left(\frac{z_n m_n}{2}\right)^2 \Big/ m_n + \hat{\theta}_n \|\boldsymbol{\xi}_n(\bar{\boldsymbol{x}}_n)\| \tanh\left(\frac{m_n \|\boldsymbol{\xi}_n(\bar{\boldsymbol{x}}_n)\|}{\varepsilon_{\theta_n}}\right) + \\ & \frac{m_n}{2} + \frac{m_n \bar{\varpi}_n}{2} + \frac{m_{n-1}^2 z_n (k_{b_n}^2 - z_n^2)}{2} \end{aligned} \tag{3-41}$$

$$\dot{\hat{\theta}}_n = \gamma_n \left(m_n \|\boldsymbol{\xi}_n(\bar{\boldsymbol{x}}_n)\| \tanh\left(\frac{m_n \|\boldsymbol{\xi}_n(\bar{\boldsymbol{x}}_n)\|}{\varepsilon_{\theta_n}}\right) - \sigma_n \hat{\theta}_n - \frac{k_n \hat{\theta}_n^3}{\gamma_n} \right) \tag{3-42}$$

其中，c_{n1}，c_{n2}，ε_n 为正的参数.

将控制器（3-40）、（3-41）和自适应律（3-42）代入式（3-37），有

$$\dot{V}_n \leqslant -\sum_{i=1}^{n} c_{i1}\left(\frac{z_n m_n}{2}\right)^{\frac{3}{5}} - \sum_{i=1}^{n} c_{i2}\left(\frac{z_n m_n}{2}\right)^2 + \sum_{i=1}^{n} \frac{\sigma_i \tilde{\theta}_i \hat{\theta}_i}{\gamma_i} + \sum_{i=1}^{n} \frac{k_i \tilde{\theta}_i \hat{\theta}_i^3}{\gamma_i^2} + \Delta_n \tag{3-43}$$

其中，

$$\Delta_n = \Delta_{n-1} + \frac{1}{2\underline{\mu}_n}\sum_{i=1}^{n-1}\overline{\mu}_i^2 + \frac{n-1}{\underline{\mu}_n} + \kappa\theta_n\varepsilon_{\theta_n} + \frac{(\varepsilon_n^*)^2}{2\underline{\mu}_n}$$

定义 $\lambda_1 = \min\{c_{i1}, i=1,\cdots,n\}$，$\lambda_2 = \min\{c_{i2}, i=1,\cdots,n\}$，则有下列不等式成立：

$$-\sum_{i=1}^{n} c_{i1}\left(\frac{z_i m_i}{2}\right)^{\frac{3}{5}} \leqslant -\lambda_1\sum_{i=1}^{n}\left(\frac{z_i m_i}{2}\right)^{\frac{3}{5}} \tag{3-44}$$

$$-\sum_{i=1}^{n} c_{i2}\left(\frac{z_i m_i}{2}\right)^{2} \leqslant -\lambda_2\sum_{i=1}^{n}\left(\frac{z_i m_i}{2}\right)^{2} \tag{3-45}$$

利用不等式 2.5 和不等式 2.7，得

$$-\lambda_1\sum_{i=1}^{n}\left(\frac{z_i m_i}{2}\right)^{\frac{3}{5}} \leqslant -\lambda_1\left(\sum_{i=1}^{n}\frac{z_i m_i}{2}\right)^{\frac{3}{5}} \tag{3-46}$$

$$-\lambda_2\sum_{i=1}^{n}\left(\frac{z_i m_i}{2}\right)^{2} \leqslant -\frac{\lambda_2}{n}\left(\sum_{i=1}^{n}\frac{z_i m_i}{2}\right)^{2} \tag{3-47}$$

将式（3-46）~式（3-47）代入式（3-43），得

$$\dot{V}_n \leqslant -\lambda_1\left(\sum_{i=1}^{n}\frac{z_i m_i}{2}\right)^{\frac{3}{5}} - \frac{\lambda_2}{n}\left(\sum_{i=1}^{n}\frac{z_i m_i}{2}\right)^{2} + \sum_{i=1}^{n}\frac{\sigma_i\tilde{\theta}_i\hat{\theta}_i}{\gamma_i} + \sum_{i=1}^{n}\frac{k_i\tilde{\theta}_i\hat{\theta}_i^3}{\gamma_i^2} + \Delta_n \tag{3-48}$$

3.2.3 主要结论

定理 3.1 如果假设 3.1 和假设 3.2 均满足，则有纯反馈系统（3-1）、虚拟控制和实际控制（3-3）、参数自适应律（3-7）组成的闭环系统，如果初始条件是有界的，则有：

（1）在固定时间 T_{fd} 内跟踪误差收敛于

$$-k_{b_1}\sqrt{1-\frac{1}{e^{\sqrt{\frac{\Delta(n+1)}{\omega\beta_2}}}}} \leqslant z_1 \leqslant k_{b_1}\sqrt{1-\frac{1}{e^{\sqrt{\frac{\Delta(n+1)}{\omega\beta_2}}}}} \tag{3-49}$$

其中，$T_{fd} \leqslant T_{\max} = \dfrac{n+1}{(1-\omega)\beta_2} + \dfrac{5}{2\beta_1}$， $0<\omega<1$， $\beta_1 = \min(\lambda_1, \rho_1)$， $\beta_2 = \min\left(\dfrac{\lambda_2}{n}, \dfrac{\delta}{n}\right)$.

（2）闭环系统内所有信号有界且满足状态约束条件.

证明　（1）根据 Young's 不等式，有

$$\sum_{i=1}^{n} \frac{\sigma_i \tilde{\theta}_i \hat{\theta}_i}{\gamma_i} \leqslant -\sum_{i=1}^{n} \frac{\sigma_i \tilde{\theta}_i^2}{2\gamma_i} + \sum_{i=1}^{n} \frac{\sigma_i \theta_i^2}{2\gamma_i} \tag{3-50}$$

结合式（3-48）和式（3-50），得

$$\begin{aligned}\dot{V}_n \leqslant & -\lambda_1 \left(\sum_{i=1}^{n} \frac{z_i m_i}{2}\right)^{\frac{3}{5}} - \frac{\lambda_2}{n}\left(\sum_{i=1}^{n} \frac{z_i m_i}{2}\right)^{2} - \left(\sum_{i=1}^{n} \frac{\sigma_i \tilde{\theta}_i^2}{2\gamma_i}\right)^{\frac{3}{5}} + \left(\sum_{i=1}^{n} \frac{\sigma_i \tilde{\theta}_i^2}{2\gamma_i}\right)^{\frac{3}{5}} - \\ & \sum_{i=1}^{n} \frac{\sigma_i \tilde{\theta}_i^2}{2\gamma_i} + \sum_{i=1}^{n} \frac{\sigma_i \theta_i^2}{2\gamma_i} + \sum_{i=1}^{n} \frac{k_i \tilde{\theta}_i \hat{\theta}_i^3}{\gamma_i^2} + \Delta_n\end{aligned} \tag{3-51}$$

根据不等式 2.6，如果取 $\delta_1 = 1$, $\delta_2 = \sum_{i=1}^{n} \dfrac{\sigma_i \tilde{\theta}_i^2}{2\gamma_i}, \delta_3 = 1, \pi_1 = \dfrac{2}{5}, \pi_2 = \dfrac{3}{5}, \pi_3 = \dfrac{2}{5}\left(\dfrac{3}{5}\right)^3 > 0$，

则有

$$\left(\sum_{i=1}^{n} \frac{\sigma_i \tilde{\theta}_i^2}{2\gamma_i}\right)^{\frac{3}{5}} \leqslant \pi_3 + \sum_{i=1}^{n} \frac{\sigma_i \tilde{\theta}_i^2}{2\gamma_i} \tag{3-52}$$

由 $\hat{\theta}_i = \theta_i - \tilde{\theta}_i$，有

$$\frac{k_i \tilde{\theta}_i \hat{\theta}_i^3}{\gamma_i^2} = \frac{3k_i \tilde{\theta}_i^3 \theta_i}{\gamma_i^2} - \frac{3k_i \tilde{\theta}_i^2 \theta_i^2}{\gamma_i^2} + \frac{k_i \tilde{\theta}_i \theta_i^3}{\gamma_i^2} - \frac{k_i \tilde{\theta}_i^4}{\gamma_i^2} \tag{3-53}$$

根据不等式 2.2，有

$$\sum_{i=1}^{n} \frac{3k_i \tilde{\theta}_i^3 \theta_i}{\gamma_i^2} \leqslant \sum_{i=1}^{n} \frac{9k_i m^{\frac{4}{3}} \tilde{\theta}_i^4}{4\gamma_i^2} + \sum_{i=1}^{n} \frac{3k_i \theta_i^4}{4m^4 \gamma_i^2} \tag{3-54}$$

$$\sum_{i=1}^{n} \frac{k_i \tilde{\theta}_i \theta_i^3}{\gamma_i^2} \leqslant \sum_{i=1}^{n} \frac{3k_i \tilde{\theta}_i^2 \theta_i^2}{4\gamma_i^2} + \sum_{i=1}^{n} \frac{k_i \theta_i^4}{12\gamma_i^2} \tag{3-55}$$

将式（3-52）~式（3-55）代入式（3-51）中，有

$$\dot{V}_n \leqslant -\lambda_1\left(\sum_{i=1}^{n}\frac{z_i m_i}{2}\right)^{\frac{3}{5}} - \rho_1\left(\sum_{i=1}^{n}\frac{\tilde{\theta}_i^2}{2\gamma_i}\right)^{\frac{3}{5}} - \frac{\lambda_2}{n}\left(\sum_{i=1}^{n}\frac{z_i m_i}{2}\right)^2 - \delta\sum_{i=1}^{n}\left(\frac{\tilde{\theta}_i^2}{2\gamma_i}\right)^2 + \Delta \tag{3-56}$$

其中，$\rho_1=\min\{\sigma_i\}$，$\delta=\min\{4k_i-9m^{\frac{4}{3}}k_i\}$，$i=1,2,\cdots,n$，$\Delta=\Delta_n+\sum_{i=1}^{n}\frac{\sigma_i\theta_i^2}{2\gamma_i}+\sum_{i=1}^{n}\frac{3k_i\theta_i^4}{4m^4\gamma_i^2}+\sum_{i=1}^{n}\frac{k_i\theta_i^4}{12\gamma_i^2}+\pi_3$.

由

$$-\delta\sum_{i=1}^{n}\left(\frac{\tilde{\theta}_i^2}{2\gamma_i}\right)^2 \leqslant -\frac{\delta}{n}\left(\sum_{i=1}^{n}\frac{\tilde{\theta}_i^2}{2\gamma_i}\right)^2 \tag{3-57}$$

则式（3-56）可以写成

$$\dot{V}_n \leqslant -\beta_1\left[\left(\sum_{i=1}^{n}\frac{z_i m_i}{2}\right)^{\frac{3}{5}} + \left(\sum_{i=1}^{n}\frac{\tilde{\theta}_i^2}{2\gamma_i}\right)^{\frac{3}{5}}\right] - \beta_2\left[\left(\sum_{i=1}^{n}\frac{z_i m_i}{2}\right)^2 + \left(\sum_{i=1}^{n}\frac{\tilde{\theta}_i^2}{2\gamma_i}\right)^2\right] + \Delta \tag{3-58}$$

其中，$\beta_1=\min\{\lambda_1,\rho_1\}$，$\beta_2=\min\left\{\frac{\lambda_2}{n},\frac{\delta}{n}\right\}$.

利用不等式 2.1 和不等式 2.5，得

$$-\beta_1\left[\left(\sum_{i=1}^{n}\frac{z_i m_i}{2}\right)^{\frac{3}{5}} + \left(\sum_{i=1}^{n}\frac{\sigma_i\tilde{\theta}_i^2}{2\gamma_i}\right)^{\frac{3}{5}}\right] \leqslant -\beta_1 V_n^{\frac{3}{5}} \tag{3-59}$$

$$-\beta_2\left[\left(\sum_{i=1}^{n}\frac{z_i m_i}{2}\right)^2 + \left(\sum_{i=1}^{n}\frac{\sigma_i\tilde{\theta}_i^2}{2\gamma_i}\right)^2\right] \leqslant -\beta_2 V_n^2 \tag{3-60}$$

由式（3-59）和式（3-60），得

$$\dot{V}_n \leqslant -\beta_1 V_n^{\frac{3}{5}} - \beta_2 V_n^2 + \Delta \tag{3-61}$$

由式（3-56）得 V_n 是有界的，即 $V_n^2 \geqslant \frac{\Delta(n+1)}{\beta_2}$ 时，有 $\dot{V}_n \leqslant -\beta_1 V_n^{\frac{3}{5}} \leqslant 0$ 成立. 对

于固定时间收敛进行分析，当$V_n^2 \geqslant \dfrac{\Delta(n+1)}{\omega\beta_2}$时，其中$0<\omega<1$，有$\Delta \leqslant \dfrac{\omega\beta_2}{(n+1)}V_n^2$. 由式（3-61），有

$$\dot{V}_n \leqslant -\beta_1 V_n^{\frac{3}{5}} - \beta_2 V_n^2 + \Delta \leqslant -\beta_1 V_n^{\frac{3}{5}} - (1-\omega)\beta_2 V_n^2 \tag{3-62}$$

由引理 2.2，V_n会在固定时间收敛于集合$\left\{ V_n : V_n < \sqrt{\dfrac{\Delta(n+1)}{\omega\beta_2}} \right\}$，固定时间为

$$T_{fd} \leqslant T_{\max} = \frac{n+1}{(1-\omega)\beta_2} + \frac{5}{2\beta_1} \tag{3-63}$$

由V_n的定义，得$\log\dfrac{k_{b_1}^2}{k_{b_1}^2 - z_1^2} \leqslant \sqrt{\dfrac{\Delta(n+1)}{\omega\beta_2}}$，因此有$|z_1| \leqslant k_{b_1}\sqrt{1-\dfrac{1}{e^{\sqrt{\frac{\Delta(n+1)}{\omega\beta_2}}}}}$.

（2）因为$x_1 = z_1 + y_r(t)$和$|y_r(t)| \leqslant \kappa_0$，有$|x_1| \leqslant |z_1| + |y_r(t)| < k_{b_1} + \kappa_0 < M_1$，选择$k_{b_1} = M_1 - \kappa_0$，使得$|x_1| < M_1$. 因为$\tilde{\theta}_1$是有界的，$\theta_1^*$是常数，所以$\hat{\theta}_1$是有界的. 由于$z_1, \varepsilon_{\theta_1}, \dot{y}_r, \hat{\theta}_1$是有界的，所以$\alpha_1$是有界的，即$|\alpha_1| \leqslant \bar{\alpha}_1$. 由$z_2 = x_2 - \alpha_1$和$|z_2| < k_{b_2}$，得$|x_2| < k_{b_2} + \bar{\alpha}_1 < M_2$，选择$k_{b_2} = M_2 - \bar{\alpha}_1$，使得$|x_2| < M_2$. 此分析对于第$i$步同样成立. 最后一步，由于$x_{n-1}$和$\hat{\theta}$是有界的，则有$|\alpha_{n-1}| \leqslant \bar{\alpha}_{n-1}$，由$z_n = x_n - \alpha_{n-1}$有$|x_n| < k_{b_n} + \bar{\alpha}_{n-1} < M_n$，选择$k_{b_n} = M_n - \bar{\alpha}_{n-1}$，使得$|x_n| < M_n$成立. 因此，闭环系统内所有信号有界且满足全状态约束.

定理得证.

3.2.4 仿真结果

本节将通过例子来验证所提方法的有效性.

例 3.1 考虑下列系统

$$\begin{cases} \dot{x}_1 = x_2 + 0.1x_1^2 + 0.1x_2^3 \\ \dot{x}_2 = (1+x_1^2)u + 0.1x_1x_2 - 0.2x_1^2 + 0.01u^3 \\ y = x_1 \end{cases} \tag{3-64}$$

其中，状态约束为$|x_1|<1,\ |x_2|<8$；参考轨线为$y_r=0.5\sin(t)+0.5\cos(t)$；隶属度函数是$\mu_{F_i^l}(x_i)=\mathrm{e}^{\left[-\frac{(x_i-6+3l)^2}{4}\right]}$，$l=1, 2, 3, 4,5$；$k_{b_1}=0.29$，$k_{b_2}=5.450\,2$，$\underline{\mu}_1=1$，$\underline{\mu}_2=1$；设计参数和初值选择为$c_{11}=c_{12}=2$，$c_{21}=c_{22}=6$，$\varepsilon_{\theta_1}=\varepsilon_{\theta_2}=0.2,$ $\varepsilon_1=\varepsilon_2=0.5$，$\gamma_1=2$，$\gamma_2=1$，$\sigma_1=\sigma_2=1$，$k_1=k_2=1$，$x_1(0)=1.0$，$x_2(0)=0.5$，$\hat{\theta}_1(0)=0.5$，$\hat{\theta}_2(0)=0.3$.

仿真结果在图 3.1~图 3.6 中呈现.

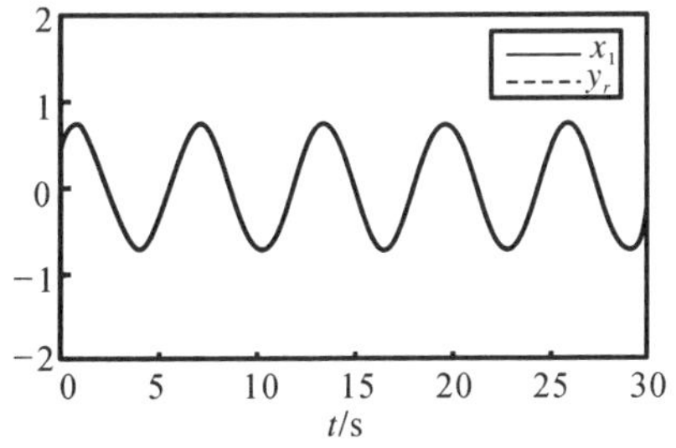

图 3.1　x_1 (solid line)和 y_r (dashed line)

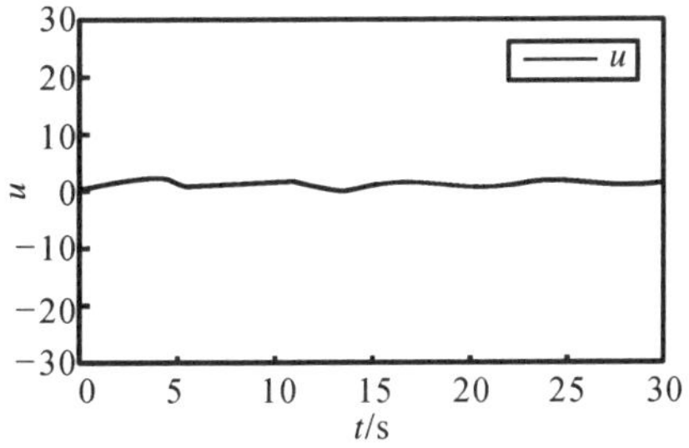

图 3.2　控制输入u 曲线图

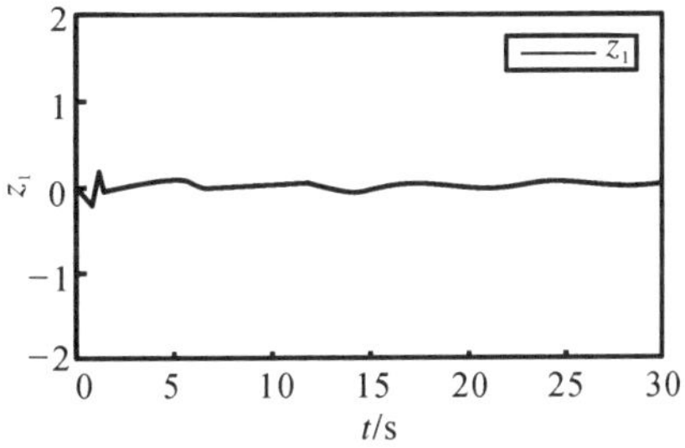

图 3.3　误差z_1 曲线图

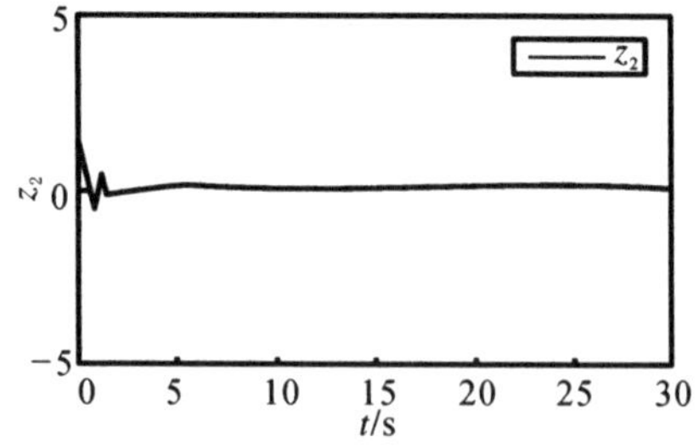

图 3.4　误差 z_2 曲线图

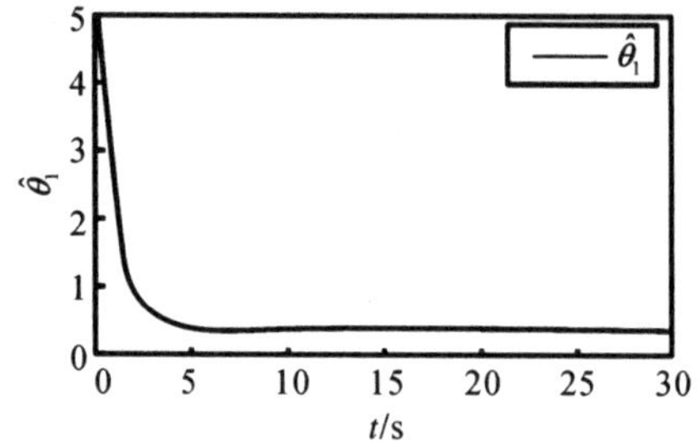

图 3.5　自适应参数 $\hat{\theta}_1$ 曲线图

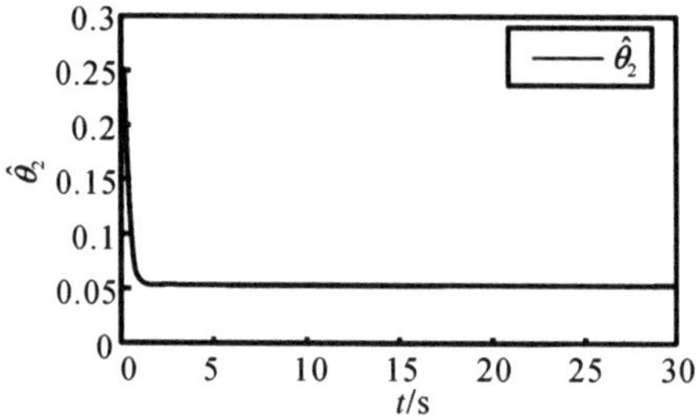

图 3.6　自适应参数 $\hat{\theta}_2$ 曲线图

图 3.1~图 3.6 显示了所提方法的有效性. 从图 3.1 可以看到，跟踪效果良好. 图 3.2~图 3.4 分别给出了控制输入曲线图和误差 z_1 曲线图、误差 z_2 曲线图. 图 3.5 和图 3.6 分别是自适应参数 $\hat{\theta}_1, \hat{\theta}_2$ 的曲线图，可以看出它们都是有界的. 分析得出，系统应在停止时间（3-63）内实现控制目标. 将 $m=\left(\frac{2}{9}\right)^{\frac{3}{4}}$，$\omega=\frac{1}{2}$，$\sigma_1=\sigma_2=1$，$k_1=k_2=1$，$c_{11}=c_{12}=2$，$c_{21}=c_{22}=6$，$n=2$ 代入该表达式，计算得 $T_{fd}\leqslant 8.5$. 显然，仿真结果

和理论分析相一致. 控制器参数的选择采用试错法，与文献[102]相比，本研究考虑固定时间控制更有实际意义.

3.3 本章小结

本章给出了纯反馈系统的全状态约束自适应模糊控制设计策略. 通过采用微分中值定理将纯反馈系统化成严反馈系统，运用 BLF 来处理对状态的约束及 FLS 对未知非线性函数逼近等，设计的控制器能使闭环内的所有信号有界且满足全状态约束条件. 最后，仿真结果验证了控制方法的有效性.

4

输入饱和非三角系统的全状态约束自适应输出反馈控制

本章考虑具有饱和输入的一类不确定非三角结构时变时延系统的输出反馈全状态约束控制问题. 采用状态观测器估计系统的不可测状态，在设计过程中使用分离变量原理来克服系统的非三角结构困难问题. 同时，为了克服设计过程中出现的"计算爆炸"问题，采用 DSC 技术以避免出现对虚拟控制的求导. 基于 Backstepping 方法和 BLF 设计了具有饱和输入的自适应神经控制器，保证所有闭环信号都是有界的且满足全状态约束条件. 最后通过仿真例子说明所得结果的有效性.

4.1 引 言

近年来，对非三角结构系统的研究逐步成为控制理论研究的热点，引起业界越来越多的关注. Niu 等[146]针对随机切换的非三角结构系统，设计了自适应神经跟踪控制器从而保证了控制目标的实现. 当状态不可测时，利用观测器来研究随机非三角结构系统也取得了一些成果[147-148]. 众所周知，在实际系统中时延是经常出现和发生的，它们能否被很好的处理对控制系统来讲也是关键问题. Chen 等[149][59]针对具有状态时延的非三角结构系统设计了自适应模糊控制器从而保证了系统稳定. 然而，在以上对非三角结构系统的研究中，均没有考虑到系统的约束和输入饱和问题，而在实际中由于物理安全等条件的限制，约束和输入饱和是经常存在的.

众所周知，在 Backstepping 控制设计中，由于需要对虚拟控制变量反复求导，不可避免会出现"计算膨胀"问题[150]，为了克服设计中出现的这一不足，Niu 等[61]针对非三角结构系统，采用了基于神经网络逼近的自适应动态面方法来设计控制器，这样能很好地解决出现的“计算膨胀”问题. 在考虑具有饱和输入的情形下，将 DSC 方法引入具有时延的非三角结构系统的控制是一个有意义的问题.

基于上面的讨论，本章将研究具有时变时延和输入饱和的非三角结构系统的全状态约束自适应控制问题，综合利用 BLF 和 DSC 技术，基于 NN 和 Backstepping 方法对该系统提出一种自适应神经控制器，保证所有闭环信号都是有界且满足全状态约束. 最后仿真例子验证了所提方法的有效性.

4.2 基于观测器的全状态约束系统的自适应神经控制

4.2.1 问题的提出

考虑如下非三角结构的时变延迟输入饱和系统：

$$\begin{cases}\dot{x}_i = x_{i+1} + f_i(\boldsymbol{x}) + m_i[\boldsymbol{x}(t-\tau_i(t))] + d_i(\boldsymbol{x},t)\\ \dot{x}_n = u(v) + f_n(\boldsymbol{x}) + m_n[\boldsymbol{x}(t-\tau_n(t))] + d_n(\boldsymbol{x},t)\\ y = x_1,\ 1 \leqslant i \leqslant n-1\end{cases} \tag{4-1}$$

其中，$\boldsymbol{x}=[x_1,x_2,\cdots,x_n]^{\mathrm{T}}\in\mathbf{R}^n$ 表示系统状态，$y\in\mathbf{R}$ 代表系统输出，$f_i(\cdot)$ 和 $m_i(\cdot)$ 表示未知的光滑函数，$\tau_i(t)$ 是第 i 个子系统的时变延时，$d_i(\cdot)$ 是扰动.全状态限制是使 $x_i(t)$ 满足 $|x_i(t)|<M_i$，其中 M_i 是已知的正常数. $u(v(t))$ 是输入饱和非线性函数，其定义如下：

$$u(v(t)) = \mathrm{sat}(v(t)) = \begin{cases}\mathrm{sign}(v(t))u_M, & |v(t)| \geqslant u_M\\ v(t), & |v(t)| < u_M\end{cases} \tag{4-2}$$

其中，$v(t)\in\mathbf{R}$ 是控制输入，u_M 是 $u(t)$ 的上界，$\mathrm{sign}(\cdot)$，$\mathrm{sat}(\cdot)$ 分别是符号函数和饱和函数. 式（4-2）可以写成下列形式：

$$u(v) = h(v) + p(v) \tag{4-3}$$

$$|p(v)| = |u(v) - h(v)| \leqslant u_M(1-\tanh(1)) \triangleq K_1 \tag{4-4}$$

其中，△ 表示 K_1 是正常数.

$$h(v)=u_M\times\tanh\left(\frac{v}{u_M}\right)=u_M\frac{e^{v/u_M}-e^{-v/u_M}}{e^{v/u_M}+e^{-v/u_M}} \tag{4-5}$$

下面给出需要用到的假设条件：

假设 4.1 对非线性函数 $f(\cdot)$ 和 $m(\cdot)$，存在正常数 p_i, q_i，使得

$$|f_i(\boldsymbol{x})-f_i(\hat{\boldsymbol{x}})|\leqslant p_i\|\boldsymbol{x}-\hat{\boldsymbol{x}}\| \tag{4-6}$$

$$|m_i(\boldsymbol{x})-m_i(\hat{\boldsymbol{x}})|\leqslant q_i\|\boldsymbol{x}-\hat{\boldsymbol{x}}\| \tag{4-7}$$

对所有的 $\boldsymbol{x},\hat{\boldsymbol{x}}\in\mathbf{R}^n$.

假设 4.2 对于参考轨线 $y_r(t)$ 及其一阶导数和二阶导数满足 $|y_r(t)|\leqslant\kappa_0<M_1$ $|y_r^{(1)}(t)|\leqslant\kappa_1$, $|y_r^{(2)}(t)|\leqslant\kappa_2$，其中，$M_1,\kappa_0,\kappa_1,\kappa_2$ 为正常数.

假设 4.3 $d_i(x,t)$ $(i=1,2,\cdots,n)$ 是有界且满足 $|d_i(x,t)|\leqslant\bar{d}_i$，$\bar{d}_i$ 是已知的正常数.

假设 4.4 时变延迟 $\tau_i(t)$ $(i=1,\cdots,n)$ 满足 $0\leqslant\tau_i(t)\leqslant d_1$，而且它的导数满足 $\dot{\tau}_i(t)\leqslant d_1^*<1$，其中，$d_1, d_1^*$ 是正常数.

本节的控制目标是对系统（4-1）在假设 4.1 至假设 4.4 的条件下，设计一种自适应控制器，使得系统输出 y 尽可能跟踪到给定的轨线 y_r，闭环系统内所有信号有界且满足全状态约束条件.

4.2.2 控制器设计

本书中除状态 x_1 可测外，其他的状态均不可测，因此引入下列观测器：

$$\begin{cases}\dot{\hat{x}}_i=\hat{x}_{i+1}+k_i(y-\hat{x}_1), i=1,\cdots,n-1\\ \dot{\hat{x}}_n=u(v)+k_n(y-\hat{x}_1)\end{cases} \tag{4-8}$$

其中，$k_i(i=1,2,\cdots,n)$ 是正的设计常数，$\hat{x}_i(\ i=1,2,\cdots,n)$ 是观测器状态，$\boldsymbol{e}=\boldsymbol{x}-\hat{\boldsymbol{x}}$ 和 $\hat{\boldsymbol{x}}=[\hat{x}_1,\hat{x}_2,\cdots,\hat{x}_n]^{\mathrm{T}}$ 是观测误差向量和观测状态向量. 观测器误差动态可以描述如下：

$$\dot{\boldsymbol{e}}=\boldsymbol{A}\boldsymbol{e}+\boldsymbol{F}(\boldsymbol{x})+\boldsymbol{M}(\boldsymbol{x}(t-\tau(t)))+\boldsymbol{D}(\boldsymbol{x},t) \tag{4-9}$$

其中

$$A=\begin{bmatrix}-k_1 & & & \\ \vdots & & I_{n-1} & \\ -k_n & 0 & \cdots & 0\end{bmatrix},\quad F(x)=\begin{bmatrix}f_1(x)\\ \vdots \\ f_n(x)\end{bmatrix},\quad D(x,t)=\begin{bmatrix}d_1(x,t)\\ \vdots \\ d_n(x,t)\end{bmatrix}$$

$$M[x(t-\tau(t))]=\begin{bmatrix}m_1[x(t-\tau_1(t))]\\ \vdots \\ m_n[x(t-\tau_n(t))]\end{bmatrix}$$

选择正参数$k_i(i=1,2,\cdots,n)$使得矩阵A是一个 Hurwitz 阵，由此可得对于任意的正定矩阵Q，$P=P^{\mathrm{T}}>0$，满足

$$A^{\mathrm{T}}P+PA=-Q \tag{4-10}$$

下面给出了 Backstepping 控制器设计方法. 首先给出如下误差坐标变换：

$$z_1=\hat{x}_1-y_r,\ z_i=\hat{x}_i-\alpha_{if},\ i=2,\cdots,n-1$$

$$z_n=\hat{x}_n-\alpha_{nf}-\tilde{\rho},\ \chi_i=\alpha_{if}-\alpha_{i-1},\ i=2,\cdots,n \tag{4-11}$$

其中，z_i是虚拟控制误差；$\tilde{\rho}$是有界辅助信号，满足$|\tilde{\rho}|\leqslant m$，$m$是正常数；$\alpha_{i-1}$是需要设计的虚拟控制输入；$\alpha_{if}$是$\alpha_{i-1}$的一阶滤波输出；$\chi_i$是滤波误差. α_{i+1f}可以通过下列式子得到：

$$\begin{cases}\tau_{i+1}\dot{\alpha}_{i+1f}+\alpha_{i+1f}=\alpha_i\\ \alpha_{i+1f}(0)=\alpha_i(0),\ \ i=1,\cdots,n-1\end{cases} \tag{4-12}$$

设计自适应神经控制器和参数自适应律如下：

$$\alpha_i=-c_iz_i-\frac{z_i}{2(k_{b_i}^2-z_i^2)}-\frac{\hat{\theta}_iz_i\boldsymbol{\xi}_i^{\mathrm{T}}(Z_i)\boldsymbol{\xi}_i(Z_i)}{2\eta_i^2(k_{b_i}^2-z_i^2)},1\leqslant i\leqslant n-1 \tag{4-13}$$

$$v=-c_nz_n-\frac{z_n}{2(k_{b_n}^2-z_n^2)}-\frac{\hat{\theta}_nz_n\boldsymbol{\xi}_n^{\mathrm{T}}(Z_n)\boldsymbol{\xi}_n(Z_n)}{2\eta_n^2(k_{b_n}^2-z_n^2)}-\tilde{\rho} \tag{4-14}$$

$$\dot{\hat{\theta}}_i=\frac{p_iz_i^2\boldsymbol{\xi}_i^{\mathrm{T}}(Z_i)\boldsymbol{\xi}_i(Z_i)}{2\eta_i^2}-\sigma_i\hat{\theta}_i \tag{4-15}$$

其中，$k_{b_i}>0$是待确定的界；$c_i,\eta_i,c_n,\eta_n,p_i,\sigma_i$是正的设计参数；$\hat{\theta}_i$是$\theta_i$的估计，$\theta_i=\{\|\boldsymbol{\Phi}_i^*\|^2,i=1,2,\cdots,n\}$，$\boldsymbol{\Phi}_i^*$是神经网络理想权值向量；$\boldsymbol{Z}_i=[\hat{x}_1,\cdots,\hat{x}_i,\hat{\theta}_1,\hat{\theta}_2,\hat{\theta}_i,y_r,\dot{y}_r,\ddot{y}_r]^{\mathrm{T}}\in\mathbf{R}^{2i+3}$.

引理 4.1 对于坐标变换（4-11），有以下不等式成立：

$$\|\hat{\boldsymbol{x}}\|\leqslant\sum_{i=1}^{n}|z_i|\beta_i(z_i,\hat{\theta}_i)+\sum_{i=2}^{n}\chi_i+\mu \tag{4-16}$$

其中，$\beta_i(z_i,\hat{\theta}_i)=1+c_i+\dfrac{1}{2(k_{bi}^2-z_i^2)}+\dfrac{\hat{\theta}_i}{2\eta_i^2(k_{bi}^2-z_i^2)}$，$\mu=\kappa_0+m$.

证明

$$\begin{aligned}
\|\hat{\boldsymbol{x}}\|&\leqslant\sum_{i=1}^{n}|\hat{x}_i|=|\hat{x}_1|+\sum_{i=2}^{n}|\hat{x}_i|\\
&\leqslant|z_1+y_r|+\sum_{i=2}^{n-1}\{|z_i+\alpha_{i-1}+\chi_i|\}+|z_n+\alpha_{n-1}+\chi_n+\tilde{\rho}|\\
&\leqslant\sum_{i=1}^{n}|z_i|+\sum_{i=1}^{n-1}|\alpha_i|+\sum_{i=2}^{n}\chi_i+|y_r|+|\tilde{\rho}|\\
&\leqslant\sum_{i=1}^{n}|z_i|+\sum_{i=1}^{n-1}\left|c_iz_i+\frac{z_i}{2(k_{bi}^2-z_i^2)}+\frac{\hat{\theta}_iz_i\xi_i^{\mathrm{T}}\xi_i}{2\eta_i^2(k_{bi}^2-z_i^2)}\right|+\sum_{i=2}^{n}\chi_i+\mu\\
&\leqslant\sum_{i=1}^{n}|z_i|\beta_i(z_i,\hat{\theta}_i)+\sum_{i=2}^{n}\chi_i+\mu
\end{aligned} \tag{4-17}$$

注 4.1 在式（4-15）中由于$\sum_{i=1}^{n}\dfrac{pz_i^2\boldsymbol{\xi}_i^{\mathrm{T}}(\boldsymbol{Z}_i)\boldsymbol{\xi}_i(\boldsymbol{Z}_i)}{2\eta_i^2}$是非负的，所以如果初始条件满足$\hat{\theta}_i(t_0)\geqslant0$，则对所有的$t$，有$\hat{\theta}_i(t)\geqslant0$成立.

结合式（4-9）~式（4-11），得

$$\begin{cases}
\dot{\boldsymbol{e}}=\boldsymbol{Ae}+\boldsymbol{F}(x)+\boldsymbol{M}(\boldsymbol{x}(t-\tau(t)))+\boldsymbol{D}(\boldsymbol{x},t)\\
\dot{z}_1=\hat{x}_2+k_1e_1-\dot{y}_r\\
\dot{\hat{x}}_i=\hat{x}_{i+1}+k_ie_1,i=2,\cdots,n-1\\
\dot{\hat{x}}_n=u(v)+k_ne_1
\end{cases} \tag{4-18}$$

选择如下李雅普诺夫泛函：

$$\tilde{V}=V_e+V_z+V_H \tag{4-19}$$

其中，

$$V_e=\frac{1}{2}\boldsymbol{e}^{\mathrm{T}}\boldsymbol{P}\boldsymbol{e},\ V_z=\sum_{i=1}^{n}V_i$$

$$V_i=\frac{1}{2}\log\frac{k_{b_i}^2}{(k_{b_i}^2-z_i^2)}+\frac{\chi_{i+1}^2}{2}\ (i=1,\cdots,n-1)$$

$$V_n=\frac{1}{2}\log\frac{k_{b_n}^2}{(k_{b_n}^2-z_n^2)}$$

$$\begin{aligned}V_H=&\frac{\mathrm{e}^{-\gamma(t-d_1)}}{1-d_1^*}\sum_{i=1}^{n}\int_{t-\tau_i(t)}^{t}\frac{1}{4}\|P\|^2\,\mathrm{e}^{\gamma s}q_i^2e_i^2(s)\mathrm{d}s+\\&\frac{\mathrm{e}^{-\gamma(t-d_1)}}{1-d_1^*}\sum_{i=1}^{n}\int_{t-\tau_i(t)}^{t}\mathrm{e}^{\gamma s}\overline{c}z_i^2(s)\beta_i^2(s)\mathrm{d}s+\\&\frac{\mathrm{e}^{-\gamma(t-d_1)}}{1-d_1^*}\sum_{i=2}^{n}\int_{t-\tau_i(t)}^{t}\mathrm{e}^{\gamma s}\overline{c}\,\chi_i^2(s)\mathrm{d}s\end{aligned}$$

矩阵 $\boldsymbol{P}$ 满足式（4-10），γ 是正常数.

接下来求 $\tilde{V}$ 的导数，首先求 V_e 的导数.

$$\begin{aligned}\dot{V}_e&=\frac{1}{2}\dot{\boldsymbol{e}}^{\mathrm{T}}\boldsymbol{P}\boldsymbol{e}+\frac{1}{2}\boldsymbol{e}^{\mathrm{T}}\boldsymbol{P}\dot{\boldsymbol{e}}\\&=\frac{1}{2}\boldsymbol{e}^{\mathrm{T}}(\boldsymbol{A}^{\mathrm{T}}\boldsymbol{P}+\boldsymbol{P}\boldsymbol{A})\boldsymbol{e}+\boldsymbol{e}^{\mathrm{T}}\boldsymbol{P}\boldsymbol{F}(\boldsymbol{x})+\boldsymbol{e}^{\mathrm{T}}\boldsymbol{P}\boldsymbol{M}[\boldsymbol{x}(t-\tau(t))]+\boldsymbol{e}^{\mathrm{T}}\boldsymbol{P}\boldsymbol{D}(\boldsymbol{x},t)\end{aligned} \tag{4-20}$$

由假设 4.1、假设 4.3 和引理 4.1 及不等式 2.2，可得到下面的不等式：

$$\boldsymbol{e}^{\mathrm{T}}\boldsymbol{P}(\boldsymbol{F}(\boldsymbol{x})-\boldsymbol{F}(\hat{\boldsymbol{x}}))\leqslant\|\boldsymbol{e}\|^2+\frac{1}{4}\|\boldsymbol{P}\|^2\sum_{i=1}^{n}p_i^2\|\boldsymbol{e}\|^2=\varsigma_1\|\boldsymbol{e}\|^2 \tag{4-21}$$

其中，$\varsigma_1=1+\frac{1}{4}\|\boldsymbol{P}\|^2\sum_{i=1}^{n}p_i^2$.

$$\begin{aligned}
\boldsymbol{e}^{\mathrm{T}}\boldsymbol{P}\boldsymbol{F}(\hat{\boldsymbol{x}}) &\leqslant \|\boldsymbol{e}\|^2+\frac{1}{4}\|\boldsymbol{P}\|^2\|\boldsymbol{F}(\hat{\boldsymbol{x}})\|^2 \\
&\leqslant \|\boldsymbol{e}\|^2+\frac{1}{4}\|\boldsymbol{P}\|^2\sum_{i=1}^{n}p_i^2\|\hat{\boldsymbol{x}}\|^2 \\
&\leqslant \|\boldsymbol{e}\|^2+\frac{1}{4}\|\boldsymbol{P}\|^2\sum_{i=1}^{n}p_i^2\left[\sum_{i=1}^{n}\beta_i(z_i,\theta_i)|z_i|+\sum_{i=2}^{n}\chi_i+\mu\right]^2 \\
&\leqslant \|\boldsymbol{e}\|^2+\frac{1}{2}n\|\boldsymbol{P}\|^2\sum_{i=1}^{n}p_i^2\sum_{i=1}^{n}\beta_i^2(z_i,\theta_i)z_i^2+\frac{1}{2}n\|\boldsymbol{P}\|^2\sum_{i=1}^{n}p_i^2\sum_{i=2}^{n}\chi_i^2+ \\
&\quad \frac{1}{2}\|\boldsymbol{P}\|^2\sum_{i=1}^{n}p_i^2\mu^2 \\
&\leqslant \|\boldsymbol{e}\|^2+c\sum_{i=1}^{n}z_i^2\beta_i^2+c\sum_{i=2}^{n}\chi_i^2+\varepsilon_0
\end{aligned} \tag{4-22}$$

其中，$c=\frac{n}{2}\|\boldsymbol{P}\|^2\sum_{i=1}^{n}p_i^2$，$\varepsilon_0=\frac{1}{2}\|\boldsymbol{P}\|^2\sum_{i=1}^{n}p_i^2\mu^2$.

$$\begin{aligned}
&\boldsymbol{e}^{\mathrm{T}}\boldsymbol{P}[\boldsymbol{M}(\boldsymbol{x}(t-\tau(t)))-\boldsymbol{M}[\hat{\boldsymbol{x}}(t-\tau(t))] \\
&\leqslant \|\boldsymbol{e}\|^2+\frac{1}{4}\|\boldsymbol{P}\|^2\sum_{i=1}^{n}q_i^2e_i^2(t-\tau_i(t))
\end{aligned} \tag{4-23}$$

$$\begin{aligned}
&\boldsymbol{e}^{\mathrm{T}}\boldsymbol{P}\boldsymbol{M}[\hat{\boldsymbol{x}}(t-\tau(t))] \\
&\leqslant \|\boldsymbol{e}\|^2+\bar{c}\sum_{i=1}^{n}z_i^2(t-\tau_i(t))\beta_i^2(t-\tau_i(t))+\bar{c}\sum_{i=2}^{n}\chi_i^2(t-\tau_i(t))+\bar{\varepsilon}_0
\end{aligned} \tag{4-24}$$

$$\boldsymbol{e}^{\mathrm{T}}\boldsymbol{P}\boldsymbol{D}(t)\leqslant\frac{1}{2}\|\boldsymbol{e}\|^2+\frac{1}{2}\|\boldsymbol{P}\|^2\sum_{i=1}^{n}\bar{d}_i^2 \tag{4-25}$$

其中，$\bar{c}=\frac{n}{2}\|\boldsymbol{P}\|^2\sum_{i=1}^{n}q_i^2$，$\bar{\varepsilon}_0=\frac{1}{2}\|\boldsymbol{P}\|^2\sum_{i=1}^{n}q_i^2\mu^2$.

将式（4-10）、式（4-21）~式（4-25）代入式（4-20），则有

$$\begin{aligned}
\dot{V}_e &\leqslant -\lambda_{\min}(\boldsymbol{Q})\|\boldsymbol{e}\|^2+\frac{7}{2}\|\boldsymbol{e}\|^2+\varsigma_1\|\boldsymbol{e}\|^2+\varepsilon_0+\bar{\varepsilon}_0+ \\
&\quad \bar{c}\sum_{i=1}^{n}z_i^2(t-\tau_i(t))\beta_i^2(t-\tau_i(t))+c\sum_{i=2}^{n}\chi_i^2+ \\
&\quad \bar{c}\sum_{i=2}^{n}\chi_i^2(t-\tau_i(t))+\frac{1}{4}\|\boldsymbol{P}\|^2\sum_{i=1}^{n}q_i^2e_i^2(t-\tau_i(t))+ \\
&\quad c\sum_{i=1}^{n}z_i^2\beta_i^2+2\varepsilon\|\boldsymbol{P}\|^2\sum_{i=1}^{n}\bar{d}_i^2
\end{aligned} \tag{4-26}$$

接下来求V_z的导数.

第1步：根据定义的误差和V_i，V_1的导数表示如下：

$$\begin{aligned}\dot{V}_1 &= \frac{z_1\dot{z}_1}{k_{b_1}^2 - z_1^2} + \chi_2\dot{\chi}_2 \\ &= \frac{z_1}{k_{b_1}^2 - z_1^2}(z_2 + \alpha_1 + \chi_2 + k_1 e_1 - \dot{y}_r) + \chi_2\dot{\chi}_2 .\end{aligned} \tag{4-27}$$

由不等式2.2，得

$$\frac{z_1}{k_{b_1}^2 - z_1^2} k_1 e_1 \leqslant \frac{\varpi_1}{2}\|e_1\|^2 + \frac{1}{2\varpi_1}\frac{z_1^2}{(k_{b_1}^2 - z_1^2)^2} k_1^2 \tag{4-28}$$

$$\frac{z_1}{k_{b_1}^2 - z_1^2}\chi_2 \leqslant \frac{z_1^2}{2(k_{b_1}^2 - z_1^2)^2} + \frac{\chi_2^2}{2} \tag{4-29}$$

$$\chi_2\dot{\chi}_2 \leqslant -\frac{\chi_2^2}{\tau_2} + \frac{\chi_2^2 K_2^2}{2\delta_2} + \frac{\delta_2}{2} \tag{4-30}$$

其中，ϖ_1,τ_2,δ_2是正的参数，K_2是$\dot{\alpha}_1$的界.

将式（4-28）~式（4-30）代入式（4-27），得

$$\begin{aligned}\dot{V}_1 \leqslant & \frac{z_1}{k_{b_1}^2 - z_1^2} z_2 + z_1\left(\frac{1}{k_{b_1}^2 - z_1^2}\alpha_1 + \Theta_1\right) + \frac{\varpi_1}{2}\| e_1 \|^2 + \\ & \frac{\chi_2^2}{2} - \frac{\chi_2^2}{\tau_2} + \frac{\chi_2^2 K_2^2}{2\delta_2}\end{aligned} \tag{4-31}$$

其中，$\Theta_1 = \frac{z_1}{2\varpi_1(k_{b_1}^2 - z_1^2)^2} k_1^2 + \frac{z_1}{2(k_{b_1}^2 - z_1^2)^2} - \frac{1}{k_{b_1}^2 - z_1^2}\dot{y}_r$.

第2步：对V_2求导，得

$$\begin{aligned}\dot{V}_2 &= \frac{z_2\dot{z}_2}{k_{b_2}^2 - z_2^2} + \chi_3\dot{\chi}_3 \\ &= \frac{z_2}{k_{b_2}^2 - z_2^2}(z_3 + \chi_3 + \alpha_2 + k_2 e_1 - \dot{\alpha}_{2f}) + \chi_3\dot{\chi}_3\end{aligned} \tag{4-32}$$

由 Young's 不等式，得

$$\frac{z_2}{k_{b_2}^2-z_2^2}k_2e_1 \leqslant \frac{\varpi_2}{2}\|e_1\|^2+\frac{1}{2\varpi_2}\frac{z_2^2}{(k_{b_2}^2-z_2^2)^2}k_2^2 \tag{4-33}$$

$$\frac{z_2}{k_{b_2}^2-z_2^2}\chi_3 \leqslant \frac{z_2^2}{2(k_{b_2}^2-z_2^2)^2}+\frac{\chi_3^2}{2} \tag{4-34}$$

$$\chi_3\dot{\chi}_3 \leqslant -\frac{\chi_3^2}{\tau_3}+\frac{\chi_3^2K_3^2}{2\delta_3}+\frac{\delta_3}{2} \tag{4-35}$$

其中，ϖ_2,τ_3,δ_3 是正的设计参数，K_3 是 $\dot{\alpha}_2$ 的界.

将式（4-33）~式（4-35）代入式（4-32），得

$$\begin{aligned}\dot{V}_2 \leqslant &\frac{z_2}{k_{b_2}^2-z_2^2}z_3+z_2\left(\frac{1}{k_{b_2}^2-z_2^2}\alpha_2+\Theta_2\right)+\frac{\varpi_2}{2}\|e_1\|^2+\\&\frac{\chi_3^2}{2}-\frac{\chi_3^2}{\tau_3}+\frac{\chi_3^2K_3^2}{2\delta_3}\end{aligned} \tag{4-36}$$

其中，$\Theta_2=\frac{z_2}{2\varpi_2(k_{b_2}^2-z_2^2)^2}k_2^2+\frac{z_2}{2(k_{b_2}^2-z_2^2)^2}-\dot{\alpha}_{2f}$.

第 i 步 $(3\leqslant i\leqslant n-1)$：对 V_i 求导，得

$$\begin{aligned}\dot{V}_i &= \frac{z_i\dot{z}_i}{k_{b_i}^2-z_i^2}+\chi_{i+1}\dot{\chi}_{i+1}\\&=\frac{z_i}{k_{b_i}^2-z_i^2}(z_{i+1}+\chi_{i+1}+\alpha_i+k_ie_1-\dot{\alpha}_{if})+\chi_{i+1}\dot{\chi}_{i+1}\end{aligned} \tag{4-37}$$

$$\frac{z_i}{k_{b_i}^2-z_i^2}k_ie_1 \leqslant \frac{\varpi_i}{2}\|e_1\|^2+\frac{1}{2\varpi_i}\frac{z_i^2}{(k_{b_i}^2-z_i^2)^2}k_i^2 \tag{4-38}$$

$$\frac{z_i}{k_{b_i}^2-z_i^2}\chi_{i+1} \leqslant \frac{z_i^2}{2(k_{b_i}^2-z_i^2)^2}+\frac{\chi_{i+1}^2}{2} \tag{4-39}$$

$$\chi_{i+1}\dot{\chi}_{i+1} \leqslant -\frac{\chi_{i+1}^2}{\tau_{i+1}}+\frac{\chi_{i+1}^2K_{i+1}^2}{2\delta_{i+1}}+\frac{\delta_{i+1}}{2} \tag{4-40}$$

其中，$\varpi_i,\tau_{i+1},\delta_{i+1}$是正的设计参数，$K_{i+1}$是$\dot{\alpha}_i$的界.

将式（4-38）~式（4-40）代入式（4-37），得

$$\dot{V}_i \leqslant \frac{z_i}{k_{b_i}^2-z_i^2}z_{i+1}+z_i\left(\frac{1}{k_{b_i}^2-z_i^2}\alpha_i+\Theta_i\right)+\frac{\varpi_i}{2}\|e_1\|^2+ \frac{\chi_{i+1}^2}{2}-\frac{\chi_{i+1}^2}{\tau_{i+1}}+\frac{\chi_{i+1}^2K_{i+1}^2}{2\delta_{i+1}} \tag{4-41}$$

其中，$\Theta_i=\dfrac{z_i}{2\varpi_i(k_{b_i}^2-z_i^2)^2}k_i^2+\dfrac{z_i}{2(k_{b_i}^2-z_i^2)^2}-\dot{\alpha}_{if}$.

第n步：V_n的导数为

$$\begin{aligned}\dot{V}_n &= \frac{z_n\dot{z}_n}{k_{b_n}^2-z_n^2}\\ &=\frac{z_n}{k_{b_n}^2-z_n^2}(u(v)+k_ne_1-\dot{\tilde{\rho}}-\dot{\alpha}_{nf})\end{aligned} \tag{4-42}$$

其中，辅助信号$\tilde{\rho}$可以由$\dot{\tilde{\rho}}=-\tilde{\rho}+(h(v)-v)$得到，由 Young's 不等式有

$$\frac{z_n}{k_{b_n}^2-z_n^2}k_ne_1 \leqslant \frac{\varpi_n}{2}\|e_1\|^2+\frac{1}{2\varpi_n}\frac{z_n^2}{(k_{b_n}^2-z_n^2)^2}k_n^2 \tag{4-43}$$

$$\frac{z_n}{k_{b_n}^2-z_n^2}p(v)\leqslant \frac{z_n^2}{2(k_{b_n}^2-z_n^2)^2}+\frac{K_1^2}{2} \tag{4-44}$$

将式（4-43）和式（4-44）代入式（4-42），得

$$\dot{V}_n \leqslant \frac{z_n}{k_{b_n}^2-z_n^2}(v+\tilde{\rho})+z_n\Theta_n+\frac{\varpi_n}{2}\|e_1\|^2+\frac{K_1^2}{2} \tag{4-45}$$

其中，$\Theta_n=\dfrac{z_n}{2\varpi_n(k_{b_n}^2-z_n^2)^2}k_n^2+\dfrac{z_n}{2(k_{b_n}^2-z_n^2)^2}-\dot{\alpha}_{nf}$，$\varpi_n>0$是设计参数.

最后，根据V_H的定义有

$$\dot{V}_{H} \leqslant \frac{\mathrm{e}^{\gamma d_1}}{1-d_1^*}\frac{1}{4}\|\boldsymbol{P}\|^2 q_{\max}^2 \|\boldsymbol{e}\|^2 + \sum_{i=1}^{n}\frac{\mathrm{e}^{\gamma(d_1-\tau_i(t))}(1-\dot{\tau}_i(t))}{1-d_1^*}\frac{1}{4}\|\boldsymbol{P}\|^2 q_i^2 e_i^2(t-\tau_i(t)) +$$
$$\frac{\mathrm{e}^{\gamma d_1}}{1-d_1^*}\sum_{i=1}^{n}\bar{c}z_i^2\beta_i^2 - \sum_{i=1}^{n}\frac{\mathrm{e}^{\gamma(d_1-\tau_i(t))}(1-\dot{\tau}_i(t))}{1-d_1^*}\bar{c}z_i^2(t-\tau_i(t))\beta_i^2(t-\tau_i(t)) +$$
$$\frac{\bar{c}\mathrm{e}^{\gamma d_1}}{1-d_1^*}\sum_{i=1}^{n}\chi_i^2 - \sum_{i=2}^{n}\frac{\mathrm{e}^{\gamma(d_1-\tau_i(t))}(1-\dot{\tau}_i(t))}{1-d_1^*}\bar{c}\chi_i^2(t-\tau_i(t)) - \gamma V_{H} \tag{4-46}$$

由假设 4.4，得下列不等式成立：

$$\mathrm{e}^{\gamma(d_1-\tau_i(t))} > 1,\ -\frac{1-\dot{\tau}_i(t)}{1-d_1^*} \leqslant -1 \tag{4-47}$$

根据式（4-26）、式（4-31）、式（4-36）、式（4-41）、式（4-45）~式（4-47），得

$$\dot{\tilde{V}} \leqslant -\left(\lambda_{\min}(\boldsymbol{Q}) - \frac{7}{2} - \varsigma_1 - \frac{e^{\gamma d_1}}{4(1-d_1^*)}\|\boldsymbol{P}\|^2 q_{\max}^2 - \sum_{i=1}^{n}\frac{\varpi_i}{2}\right)\|\boldsymbol{e}\|^2 +$$
$$c\sum_{i=1}^{n}z_i^2\beta_i^2 + \frac{1}{k_{b_1}^2 - z_1^2}z_1 z_2 +$$
$$z_1\left(\frac{1}{k_{b_1}^2 - z_1^2}\alpha_1 + \Theta_1\right) + \frac{1}{k_{b_2}^2 - z_2^2}z_2 z_3 + z_2\left(\frac{1}{k_{b_2}^2 - z_2^2}\alpha_2 + \Theta_2\right) +$$
$$\sum_{i=3}^{n-1}\left[\frac{1}{k_{b_i}^2 - z_i^2}z_i z_{i+1} + z_i\left(\frac{1}{k_{b_i}^2 - z_i^2}\alpha_i + \Theta_i\right)\right] + z_n\left[\frac{1}{k_{b_n}^2 - z_n^2}(v+\tilde{\rho}) + \Theta_n\right] +$$
$$\frac{\mathrm{e}^{\gamma d_1}}{1-d_1^*}\sum_{i=1}^{n}\bar{c}z_i^2\beta_i^2 - \gamma V_{H} + \frac{1}{2}\|\boldsymbol{P}\|^2\sum_{i=1}^{n}\bar{d}_i^2 + \frac{K_1^2}{2} + \varepsilon_0 + \bar{\varepsilon}_0 -$$
$$\sum_{i=2}^{n}\left(\frac{1}{\tau_i} - \frac{1}{2} - c - \frac{\bar{c}\mathrm{e}^{\gamma d_1}}{1-d_1^*} - \frac{K_i^2}{2\delta_i}\right)\chi_i^2 \tag{4-48}$$

为方便控制器设计，定义以下函数：

$$\bar{f}_1 = \Theta_1 + cz_1\beta_1^2 + \frac{\mathrm{e}^{\gamma d_1}}{1-d_1^*}\bar{c}z_1\beta_1^2 \tag{4-49}$$

$$\bar{f}_2=\Theta_2+cz_2\beta_2^2+\frac{\mathrm{e}^{\gamma d_1}}{1-d_1^*}\bar{c}z_2\beta_2^2+\frac{z_1}{k_{b_1}^2-z_1^2} \tag{4-50}$$

$$\bar{f}_i=\Theta_i+cz_i\beta_i^2+\frac{\mathrm{e}^{\gamma d_1}}{1-d_1^*}\bar{c}z_i\beta_i^2+\frac{z_{i-1}}{k_{b_{i-1}}^2-z_{i-1}^2},\ 3\leqslant i\leqslant n-1 \tag{4-51}$$

$$\bar{f}_n=\Theta_n+cz_n\beta_n^2+\frac{\mathrm{e}^{\gamma d_1}}{1-d_1^*}\bar{c}z_n\beta_n^2+\frac{z_{n-1}}{k_{b_{n-1}}^2-z_{n-1}^2} \tag{4-52}$$

则

$$\begin{aligned}\dot{\bar{V}}\leqslant&-k\|\boldsymbol{e}\|^2+\sum_{i=1}^{n-1}z_i\left(\frac{1}{(k_{b_i}^2-z_i^2)}\alpha_i+\bar{f}_i(\boldsymbol{Z}_i)\right)+z_n\left(\frac{1}{(k_{b_n}^2-z_n^2)}(v+\tilde{\rho})+\bar{f}_n(\boldsymbol{Z}_n)\right)-\gamma V_H+\\&2\varepsilon\|\boldsymbol{P}\|^2\sum_{i=1}^{n}\bar{d}_i^2+\frac{K_1^2}{2}+\varepsilon_0+\bar{\varepsilon}_0-\sum_{i=2}^{n}\left(\frac{1}{\tau_i}-c-\frac{\bar{c}\mathrm{e}^{\gamma d_1}}{1-d_1^*}-\frac{1}{2}-\frac{K_i^2}{2\delta_i}\right)\chi_i^2\end{aligned} \tag{4-53}$$

其中，$\boldsymbol{Z}_i=[\hat{x}_1,\cdots,\hat{x}_i,\hat{\theta}_1,\hat{\theta}_2,\hat{\theta}_i,y_r,\dot{y}_r,\ddot{y}_r]^{\mathrm{T}}\in\mathbf{R}^{2i+3}$，$k=\lambda_{\min}(Q)-\frac{7}{2}-\varsigma_1-\frac{\mathrm{e}^{\gamma d_1}}{4(1-d_1^*)}\|\boldsymbol{P}\|^2q_{\max}^2-\sum_{i=1}^{n}\frac{\varpi_i}{2}$，选择合适的参数使$k>0$.

未知非线性函数$\bar{f}_i(\boldsymbol{Z}_i)$可以用以下 NN 逼近，即

$$\bar{f}_i(\boldsymbol{Z}_i)=\boldsymbol{\Phi}_i^{*\mathrm{T}}\boldsymbol{\xi}_i(\boldsymbol{Z}_i)+\delta_i(\boldsymbol{Z}_i),\quad\forall\boldsymbol{Z}_i\in\boldsymbol{\Omega}_{\boldsymbol{Z}_i} \tag{4-54}$$

利用 Young's 不等式，有

$$z_i\bar{f}_i(\boldsymbol{Z}_i)\leqslant\frac{\theta_i z_i^2\boldsymbol{\xi}_i^{\mathrm{T}}(\boldsymbol{Z}_i)\boldsymbol{\xi}_i(\boldsymbol{Z}_i)}{2\eta_i^2}+\frac{\eta_i^2}{2}+\frac{z_i^2}{2}+\frac{\varepsilon_i^2}{2} \tag{4-55}$$

其中，$\delta_i(\boldsymbol{Z}_i)$是逼近误差，满足$|\delta_i(\boldsymbol{Z}_i)|\leqslant\varepsilon_i$，$\varepsilon_i>0$是常数，$\eta_i>0$是参数.

根据式（4-48）和式（4-55），得

$$\begin{aligned}\dot{\bar{V}}\leqslant&-k\|\boldsymbol{e}\|^2-\sum_{i=1}^{n}c_i\frac{z_i^2}{(k_{b_i}^2-z_i^2)}-\sum_{i=1}^{n}\frac{\tilde{\theta}_i z_i^2\boldsymbol{\xi}_i^{\mathrm{T}}(\boldsymbol{Z}_i)\boldsymbol{\xi}_i(\boldsymbol{Z}_i)}{2\eta_i^2}-\gamma V_H+\\&2\varepsilon\|\boldsymbol{P}\|^2\sum_{i=1}^{n}\bar{d}_i^2+\varepsilon_0+\bar{\varepsilon}_0+\frac{K_1^2}{2}-\sum_{i=1}^{n-1}\pi_{i+1}\chi_{i+1}^2\end{aligned} \tag{4-56}$$

其中，$\pi_{i+1}=\frac{1}{\tau_{i+1}}-c-\frac{\overline{c}\mathrm{e}^{\gamma d_1}}{1-d_1^*}-\frac{1}{2}-\frac{K_{i+1}^2}{2\delta_{i+1}}$ $(i=1,\cdots,n-1)$，选择合适的参数使得 $\pi_{i+1}>0$.

选择李雅普诺夫函数如下：

$$V=\tilde{V}+\sum_{i=1}^{n}\frac{\tilde{\theta}_i^2}{2p_i} \tag{4-57}$$

其中，p_i 为正参数.

结合式（4-56）和式（4-57），可得

$$\dot{V}\leqslant -k\|\boldsymbol{e}\|^2-\sum_{i=1}^{n}c_i\frac{z_i^2}{(k_{b_i}^2-z_i^2)}-\gamma V_{\boldsymbol{H}}+2\varepsilon\|\boldsymbol{P}\|^2\sum_{i=1}^{n}\overline{d}_i^{\,2}+\varepsilon_0+\overline{\varepsilon}_0+$$
$$\frac{K_1^2}{2}-\sum_{i=1}^{n-1}\pi_{i+1}\chi_{i+1}^2-\sum_{i=1}^{n}\frac{\tilde{\theta}_i z_i^2\boldsymbol{\xi}_i^{\mathrm{T}}(\boldsymbol{Z}_i)\boldsymbol{\xi}_i(\boldsymbol{Z}_i)}{2\eta_i^2}+\sum_{i=1}^{n}\frac{\tilde{\theta}_i\dot{\hat{\theta}}_i}{p_i} \tag{4-58}$$

将式（4-15）代入式（4-58），得

$$\dot{V}\leqslant -k\|\boldsymbol{e}\|^2-\sum_{i=1}^{n}c_i\frac{z_i^2}{b_i^2-z_i^2}-\sum_{i=1}^{n-1}\pi_{i+1}\chi_{i+1}^2-\gamma V_{\boldsymbol{H}}-\sum_{i=1}^{n}\frac{\sigma_i\tilde{\theta}_i\hat{\theta}_i}{p_i}+$$
$$2\varepsilon\|\boldsymbol{P}\|^2\sum_{i=1}^{n}\overline{d}_i^{\,2}+\varepsilon_0+\overline{\varepsilon}_0+\frac{K_1^2}{2} \tag{4-59}$$

注 4.2 关于对输入饱和形式的处理，除本书的方法外，还有其他方法，详见文献[196]和文献[197].

4.2.3 主要结论及证明

定理 4.1 假设 4.1 至假设 4.4 均成立，则有系统（4-1）、虚拟控制器（4-13）、实际控制器（4-14）和参数自适应律（4-15）组成的闭环系统，如果初始条件是有界的，则有

（1）闭环系统内的所有信号有界；

（2）全状态约束成立.

证明 利用下列不等式

$$-\frac{\sigma_i\tilde{\theta}_i\hat{\theta}_i}{p_i}\leqslant-\frac{\sigma_i\tilde{\theta}_i^2}{2p_i}+\frac{\sigma_i\theta_i^2}{2p_i} \tag{4-60}$$

则式（4-59）可以写成

$$\begin{aligned}\dot{V}\leqslant&-k\|\boldsymbol{e}\|^2-\sum_{i=1}^{n}c_i\frac{z_i^2}{(k_{b_i}^2-z_i^2)}-\gamma V_{\boldsymbol{H}}-\sum_{i=1}^{n}\frac{\sigma_i\tilde{\theta}_i^2}{2p_i}-\sum_{i=1}^{n-1}\pi_{i+1}\chi_{i+1}^2+\\&2\varepsilon\|\boldsymbol{P}\|^2\sum_{i=1}^{n}\bar{d}_i^2+C\end{aligned} \tag{4-61}$$

由不等式 2.1，可得下列不等式成立：

$$\frac{-c_iz_i^2}{k_{b_i}^2-z_i^2}\leqslant\log\frac{-c_ik_{b_i}^2}{k_{b_i}^2-z_i^2} \tag{4-62}$$

则式（4-61）可写成

$$\dot{V}\leqslant-\rho_1V+C, \tag{4-63}$$

其中，

$$\rho_1=\min\left\{\frac{2k}{\lambda_{\max}(\boldsymbol{P})},2c_i(i=1,\cdots,n),2\pi_{i+1}(i=2,\cdots,n-1),\gamma,\sigma_i\right\}$$

$$C=\frac{K_1^2}{2}+2\varepsilon\|\boldsymbol{P}\|^2\sum_{i=1}^{n}\bar{d}_i^2+\sum_{i=1}^{n}\frac{\sigma_i\theta_i^2}{2p_i}+\varepsilon_0+\bar{\varepsilon}_0$$

进一步可以得到

$$0\leqslant V(t)\leqslant\left[V(0)-\frac{C}{\rho_1}\right]\boldsymbol{e}^{-\rho_1t}+\frac{C}{\rho_1}\leqslant V(0)+\frac{C}{\rho_1} \tag{4-64}$$

从前面 $V(t)$ 的定义，得到 $|\chi_i|\leqslant\|(\chi_2,\cdots,\chi_n)\|\leqslant\sqrt{2\left(V(0)+\dfrac{C}{\rho_1}\right)}=\rho_i\ (i=2,\cdots,n)$

和$\boldsymbol{e},\tilde{\theta},\log\frac{k_{b_i}^2}{k_{b_i}^2-z_i^2}$是有界的，而且$\frac{1}{2}\boldsymbol{e}^{\mathrm{T}}\boldsymbol{P}\boldsymbol{e}\leqslant V(0)+\frac{C}{\rho_1}$，因此

$$|e_i|\leqslant\|\boldsymbol{e}\|\leqslant\sqrt{\frac{2\left(V(0)+\dfrac{C}{\rho_1}\right)}{\lambda_{\min}(\boldsymbol{P})}}=\Delta_q \tag{4-65}$$

因为$\hat{x}_1=z_1+y_r(t)$和$|y_r(t)|\leqslant\kappa_0$，则有$|\hat{x}_1|\leqslant|z_1|+|y_r(t)|<k_{b_1}+\kappa_0$，由$e_1$的定义有$|x_1|\leqslant|\hat{x}_1|+|e_1|<k_{b_1}+\kappa_0+\Delta_q<M_1$，选择$k_{b_1}=M_1-\kappa_0-\Delta_q$，使得$|x_1|<M_1$. $\tilde{\theta}_1$是有界的，θ_1是常数，所以$\hat{\theta}_1$是有界的. 由于$\hat{x}_1,\hat{\theta}_1,y_r,\dot{y}_r$是有界的，所以$\alpha_1$是有界的，即$|\alpha_1|\leqslant\bar{\alpha}_1$. 由$z_2=\hat{x}_2-\chi_2-\alpha_1$和$|z_2|<k_{b_2}$，得到$|\hat{x}_2|<k_{b_2}+\bar{\alpha}_1+\rho_2$，由$e_2$的定义有$|x_2|\leqslant|\hat{x}_2|+|e_2|<k_{b_2}+\bar{\alpha}_1+\rho_2+\Delta_q<M_2$，选择$k_{b_2}=M_2-\bar{\alpha}_1-\rho_2-\Delta_q$，使得$|x_2|<M_2$.对于第$i$步同样成立. 由于$\hat{x}_{n-1}$和$\hat{\theta}_{n-1}$是有界的，则有$|\alpha_{n-1}|\leqslant\bar{\alpha}_{n-1}$. 由$z_n=\hat{x}_n-\tilde{\rho}-\chi_n-\alpha_{n-1}$，有$|\hat{x}_n|<k_{b_n}+m+\bar{\alpha}_{n-1}+\rho_n$，选择$k_{b_n}=M_n-m-\bar{\alpha}_{n-1}-\rho_n-\Delta_q$，使得$|x_n|<M_n$. 因此，闭环系统内所有信号有界且满足全状态约束. 定理得证.

4.2.4 仿真结果

本节使用两个例子来验证所设计控制协议的有效性.

例 4.1 考虑如下系统：

$$\begin{cases}\dot{x}_1=x_2+0.1x_1x_2^2+x_1^2(t-\tau_1(t))\sin(x_2(t-\tau_1(t)))+d_1(\boldsymbol{x},t)\\ \dot{x}_2=u(v)+x_1^2(t-\tau_2(t))\sin(x_2(t-\tau_2(t)))+d_2(\boldsymbol{x},t)\\ y=x_1\end{cases} \tag{4-66}$$

其中，$d_1(t)=0.05\sin(2t)\sin(x_1x_2)$，$d_2(t)=0.1\sin(0.5t)\sin(x_1x_2^2)$，$\tau_1(t)=\tau_2(t)=0.3\sin(t)$，参考轨线是$y_r=0.1\sin(t)+0.1\sin(0.5t)$，状态约束满足$|x_1|<0.2,|x_2|<0.5$，输入饱和描述为$u(v)=\mathrm{sat}(v)=\begin{cases}0.2\mathrm{sign}(v), & |v|\geqslant 0.2\\ v, & |v|<0.2\end{cases}$，$k_{b_1}=0.09$，$k_{b_2}=0.4915$. $\mu_M=0.2$，$c_1=6$，$c_2=6$，$\sigma_1=\sigma_2=2$，$p_1=p_2=2$，$\eta_1=1$，$\eta_2=2$，$\pi_2=0.02$. 选择观测器增益为$k_1=k_2=3$，$\boldsymbol{Q}=2\boldsymbol{I}$，得

$$\boldsymbol{P}=\begin{bmatrix}\frac{4}{3} & -1\\ -1 & \frac{5}{9}\end{bmatrix}$$

初值为 $\boldsymbol{x}(0)=[0.1,0.1]^{\mathrm{T}}$，$\hat{\boldsymbol{x}}(0)=[0,0.1]^{\mathrm{T}}$ 和 $\hat{\theta}_1(0)=0.8$，$\hat{\theta}_2(0)=0.6$，神经网络选择如下：第一个神经网络选择 $\eta_l=0.2$，$\varpi_l(l=1,\cdots,l_1)$ 均匀分布在 $[-0.2,0.2]\times[0,1]\times[-0.2,0.2]\times[-0.5,0.5]$，$l_1=324$. 第二个神经网络选择 $\eta_l=0.2$，$\varpi_l(l=1,\cdots,l_2)$ $[0,1]\times[-0.2,0.2]\times[-0.2,0.2]\times[-0.5,0.5]\times[-0.2,0.2]\times[-0.2,0.2]\times[-0.15,0.15]$，$l_2=1\,944$.

仿真结果由图 4.1~图 4.8 给出. 图 4.1~图 4.8 显示了所提方法的有效性. 从图 4.1 可以看到，跟踪效果良好. 图 4.2 显示状态满足约束条件. 图 4.3 和图 4.4 显示控制输入和饱和输入信号是有界的. 图 4.5 显示观测器的有效性.

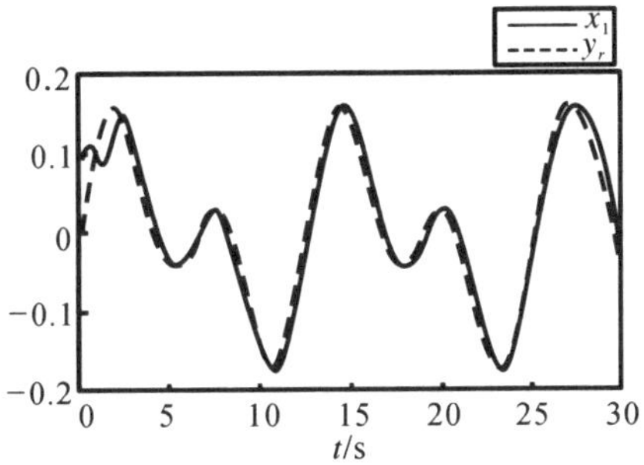

图 4.1　x_1 (solid line)和 y_r (dashed line)

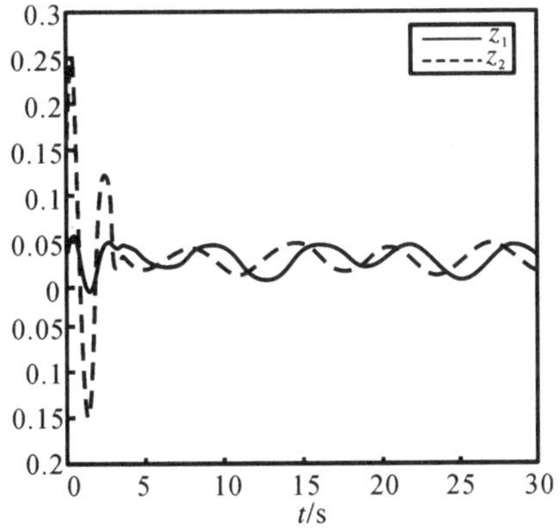

图 4.2　误差 z_1,z_2 曲线图

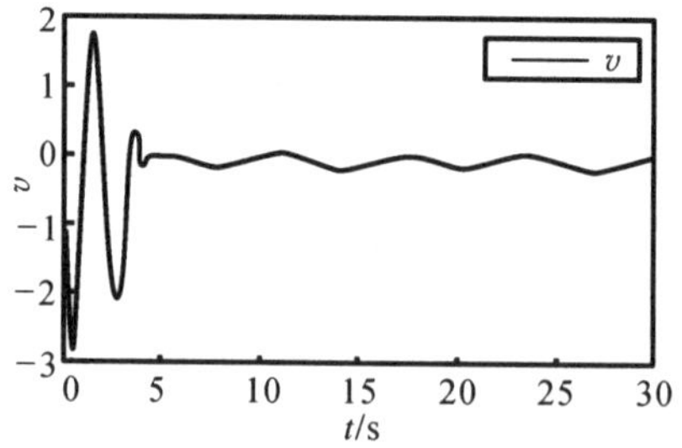

图 4.3　控制输入 v 曲线图

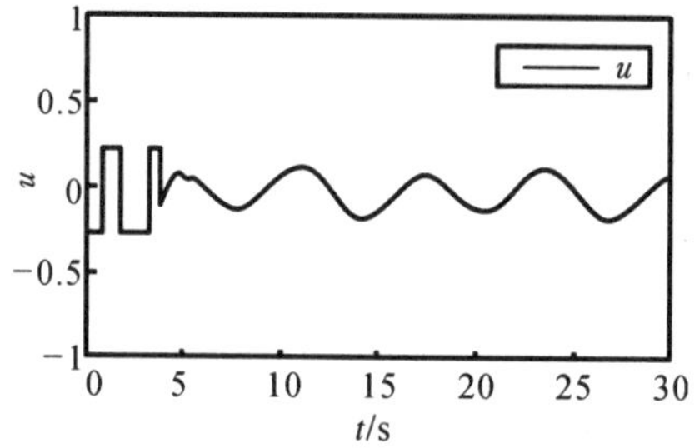

图 4.4　控制输入 u 曲线图

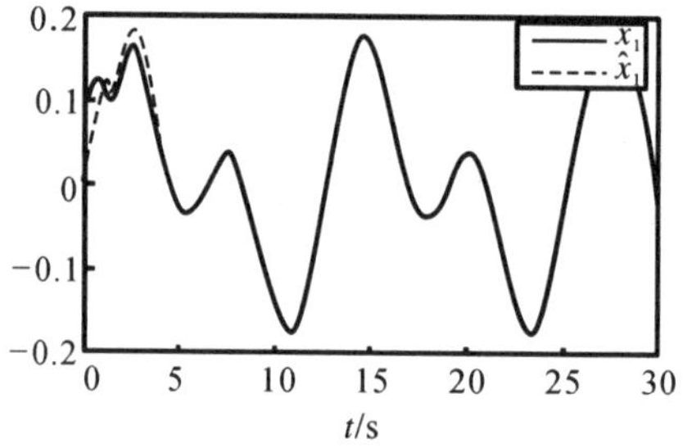

图 4.5　x_1 (solid line)和 $\hat{x}_1$ (dashed line)

例 4.2　考虑 Brusselator 模型[195]，它是一组描述化学反应的简单模型，本节描述如下：

$$
\begin{cases}
\dot{x}_1 = A-(B+1)x_1 + x_1^2 x_2 + x_2 + \dfrac{2}{3}x_1 + q_1[\boldsymbol{x}(t-\tau_1(t))] + d_1(\boldsymbol{x},t) \\
\dot{x}_2 = Bx_1 - x_1^2 x_2 + (2+\cos(x_1))u + q_2[\boldsymbol{x}(t-\tau_2(t))] + d_2(\boldsymbol{x},t) \\
y = x_1
\end{cases}
\tag{4-67}
$$

其中，x_1, x_2 表示中间反应的浓度，其约束满足$|x_1|<M_1=2.5$，$|x_2|<M_2=5$，A, B 分别表示储存化学品的正参数，u 表示控制输入，$q_1(x,t), q_2(x,t)$ 分别表示状态延时对整个化学反应的影响，$d_1(x,t), d_2(x,t)$ 分别表示建模误差和实际化学反应中的其他影响.

$$f_1(\boldsymbol{x})=A-(B+1)x_1+x_1^2x_2+\frac{2}{3}x_1,\quad f_2(\boldsymbol{x})=Bx_1-x_1^2x_2$$

$$q_1[\boldsymbol{x}(t-\tau_1(t))]=2x_1(t-\tau_1(t)),\quad q_2[\boldsymbol{x}(t-\tau_2(t))]=0.2x_2(t-\tau_2(t))$$

$$\tau_1(t)=0.6+0.2\sin(t),\quad \tau_2(t)=0.5+0.1\sin(t)$$

$$d_1(\boldsymbol{x},t)=0.1x_1x_2^2\cos(1.5t),\quad d_2(\boldsymbol{x},t)=0.1(x_1^2+x_2^2)\sin(t^2)$$

参考轨线是 $y_r=2\sin(0.5t)+0.05\sin(1.5t)$，参数选择 $A=1,\ B=3$，$c_1=6$，$c_2=8$，$\sigma_1=\sigma_2=2$，$p_1=p_2=4$，$\eta_1=1$，$\eta_2=1$，$\pi_2=0.02$，$k_{b_1}=0.8,\ k_{b_2}=1.2$. 输入饱和描述为$u(v)=\mathrm{sat}(v)=\begin{cases}6\mathrm{sign}(v), & |v|\geqslant 6\\ v, & |v|<6\end{cases}$. 选择观测器增益为 $k_1=k_2=1$，$\boldsymbol{Q}=\boldsymbol{I}$，得

$$\boldsymbol{P}=\begin{bmatrix}1 & -0.5\\ -0.5 & 1.5\end{bmatrix}$$

初值及其他量分别是 $\boldsymbol{x}(0)=[0.02,0]^{\mathrm{T}}$，$\hat{\boldsymbol{x}}(0)=[0,0.1]^{\mathrm{T}}$，$\hat{\theta}_1(0)=0.3$，$\hat{\theta}_2(0)=0.6$. 第一个神经网络选择$\eta_l=2$，$\varpi_l(l=1,\cdots,l_1)$ 均匀分布在$[-3,3]\times[-3,3]\times[-2,2]\times[0,4]$，$l_1=144$. 第二个神经网络选择 $\eta_l=3$，$\varpi_l(l=1,\cdots,l_2)$ 在 $[-3,3]\times[-6,6]\times[-3,3]\times[-2,2]\times[-2,2]\times[0,4]$，$l_2=360$.

仿真结果由图 4.9~图 4.16 给出.

图 4.6~图 4.16 显示了所提方法的有效性. 从图 4.6 可以看到，跟踪效果良好. 图 4.7 显示状态约束成立. 图 4.8 显示控制信号 v 的有界性.和观测器的有效性. 图 4.9 和 4.10 分别显示自适应参数估计值$\hat{\theta}_1, \hat{\theta}_2$ 是有界的. 参数的选择采用试错法，与文献[49]

相比，本研究考虑的系统更广泛.

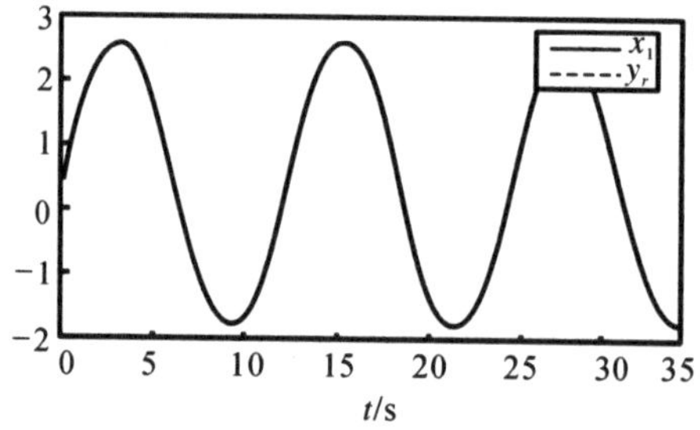

图 4.6 x_1 (solid line)和 y_r (dashed line)

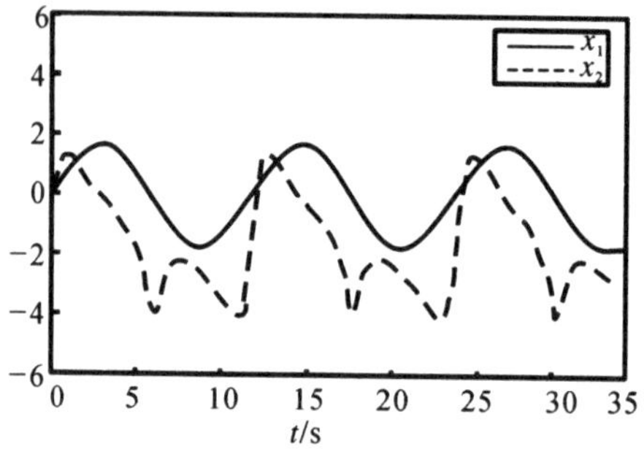

图 4.7 x_1 (solid line)和 x_2 (dashed line)

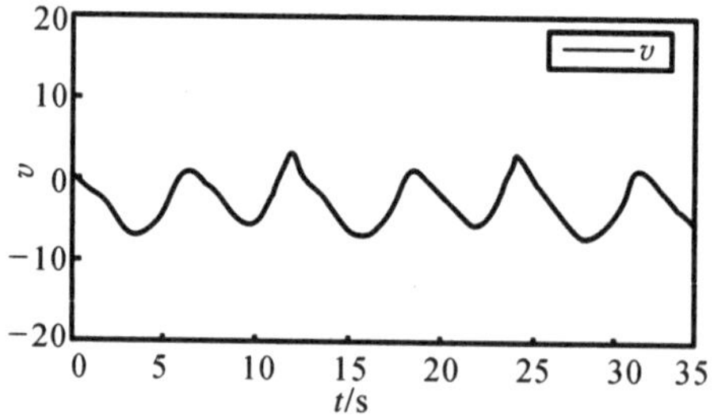

图 4.8 控制输入 v 曲线图

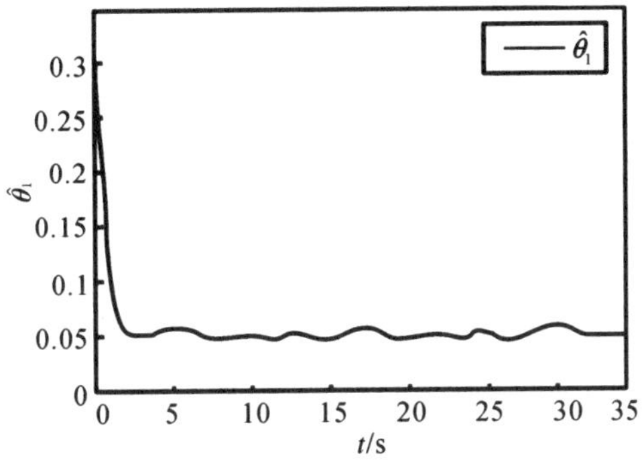

图 4.9　自适应参数 $\hat{\theta}_1$ 曲线图

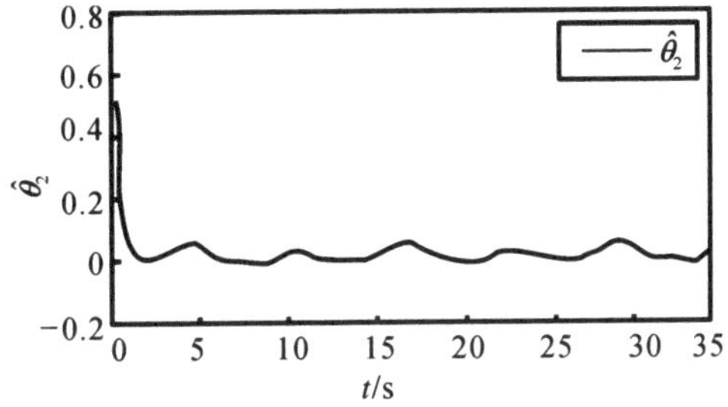

图 4.10　自适应参数 $\hat{\theta}_2$ 曲线图

4.3　本章小结

本章针对具有状态约束的非三角结构时变时延系统，在考虑通信承载能力和避免出现“计算膨胀”问题的情形下，设计了饱和输入的自适应神经控制器. 利用分离变量方法，克服系统的非三角形式结构困难问题，运用状态观测器和 BLF 来处理状态的不可测问题和约束问题，运用 DSC 方法克服了“计算膨胀”问题，设计的李雅普诺夫函数消除了时延项带来的影响且提供了理论分析和证明，最后仿真例子说明了所提方法的有效性.

5

随机非三角系统的全状态约束自适应模糊控制

本章考虑一类方向未知的输入死区不确定的随机非三角系统的全状态约束自适应控制问题. 与第 4 章采用分离变量方法克服非三角结构困难不同，本章利用归一化模糊基函数性质，采用占优方法来克服非三角结构困难问题，设计一种自适应模糊控制器，证明了闭环系统在概率意义下的随机稳定性并保证满足全状态约束条件.

5.1 引 言

由于随机干扰广泛存在于各类工业系统和实际经济系统中，它们被认为是系统的一个很重要的不稳定因素. 对随机动态系统的描述方法有 Markov 跳的随机微分方程、Ito 微分方程等. 针对用 Ito 微分表示的随机非线性系统，自 Pan 和 Basar[151]首次提出基于灵敏度准则下的自适应 Backstepping 方法，给出了随机严格反馈系统控制策略. 之后，随机系统的自适应研究取得了众多成果[152-164]. 近年来，针对随机非三角结构系统的研究也引起了学者们的关注[165-169]. Wang 等[167]研究了高阶随机非三角结构系统的自适应神经跟踪问题. Wang 等[168]研究了随机非三角结构系统的动态输出反馈控制问题. 尽管随机非三角结构系统的研究取得了一些成果，但以上的研究成果[165-169]均没有考虑输入死区和控制方向未知问题.

众所周知，死区是比较常见的不光滑非线性现象之一，它可能会降低系统的性能或破坏稳定性. Tao 和 Kokotivic[170]提出自适应死区逆方法来解决死区输入非线性问题. Wang 等[86]将死区输入模型表示为线性函数与有界扰动的和来研究非线性系统死区控制问题. 接着学者们对具有死区环节非线性系统的处理也进行了广泛关注[99-100, 128, 129]. 随着对系统研究的深入，近年来，对具有死区的随机非三角结构系统的自适应控制研究在控制领域已经成为一个热点[61, 62, 149, 150]. 然而这些研究工作均没有考虑方向未知的情形.

在实际系统中，控制方向未知也许会被经常遇到，它会使控制系统设计变得困难和具有挑战性，因此如何处理这类问题显得很重要. 目前，处理此类问题的方法是 20 世纪 80 年代提出的 Nussbaum 增益技术[171]，基于这种方法非线性系统方向未知控制的研究也取得了很多成果[40, 78, 172, 173, 174]. 然而，这些研究都是针对三角系统，据了解，目前关于随机非三角结构系统在控制方向未知的情形中的研究成果并不多. Zhao 等[175]对于方向未知的随机非三角结构系统给出了输出反馈自适应神经控制器从而确保了系统稳定性. 然而以上研究结果均没有考虑约束问题.

综上所述，本章针对一类方向未知和输入死区不确定的随机非三角结构系统研究其全状态约束的自适应控制问题. 本章在合理的假设下引用四次 BLF 分析系统的稳定性，利用归一化模糊基函数性质，采用占优方法处理非三角结构问题，设计一种自适应模糊控制器，保证了闭环系统中的所有信号在概率意义下都是有界的，跟踪误差在均方意义下收敛到原点的某个小邻域且满足系统状态的约束条件.

5.2 方向未知死区输入的随机系统的全状态约束自适应模糊控制

本节考虑具有方向未知死区输入的随机系统的全状态约束问题，为了方便讨论，首先给出如下相关概念和结论.

定义 5.1 [176] 如果函数 $N(\varsigma)$ 具有如下性质：

$$\lim_{s\to\infty}\sup\frac{1}{s}\int_0^s N(\varsigma)\mathrm{d}\varsigma=+\infty,\quad \lim_{s\to\infty}\inf\frac{1}{s}\int_0^s N(\varsigma)\mathrm{d}\varsigma=-\infty \tag{5-1}$$

称其为 Nussbaum 函数.

一般选择偶函数 $\varsigma^2\cos(\varsigma)$，$\exp(\varsigma^2)\cos\left(\left(\frac{\pi}{2}\right)\varsigma\right)$ 和 $\exp(\varsigma^2)\cos(\varsigma^2)$ 作为 Nussbaum 函数来设计控制器，本章选择的 Nussbaum 函数为 $\exp(\varsigma^2)\cos(\varsigma^2)$.

引理 5.1[23]　函数 $N(\varsigma_i)$ 是 Nussbaum 函数，$\varsigma_i(t)$ 是定义在 $[0,\ t_f]$ 上的光滑函数，如果存在光滑正定的函数 $V(t,x)$ 和常数 $C>0,\ D>0$，满足下列不等式

$$LV(t,x)\leqslant -CV(t,x)+\sum_{i=1}^{n}d_i[g_iN'(\varsigma_i)+1]\dot{\varsigma}_i+D \tag{5-2}$$

则 $EV(t,x)$, $\varsigma_i(t)$ 和 $\sum_{i=1}^{n}d_i[g_iN'(\varsigma_i)+1]\dot{\varsigma}_i$ 在 $[0,\ t_f]$ 上一定是有界的. 其中，L 表示无穷小算子，g_i 是非零常数，d_i 是正参数.

5.2.1　问题的提出

考虑如下非三角结构的随机系统：

$$\begin{cases}\mathrm{d}x_i=(g_ix_{i+1}+f_i(\boldsymbol{x}))\mathrm{d}t+\boldsymbol{h}_i^{\mathrm{T}}(\boldsymbol{x})\mathrm{d}\omega\\ \mathrm{d}x_n=(g_nu+f_n(\boldsymbol{x}))\mathrm{d}t+h_n^{\mathrm{T}}(\boldsymbol{x})\mathrm{d}\omega\\ y=x_1,\ 1\leqslant i\leqslant n-1\end{cases} \tag{5-3}$$

其中，$\boldsymbol{x}=\bar{\boldsymbol{x}}_n=[x_1,x_2,\cdots,x_n]^{\mathrm{T}}\in\mathbf{R}^n$ 表示系统状态，$y\in\mathbf{R}$ 代表系统输出，$f_i(\cdot)$ 和 $h_i(\cdot)$ 表示未知的光滑函数，g_i 是不等于零的未知常数，ω 是一个 r 维的标准的维纳过程. 全状态限制是使状态 $x_i(t)$ 在概率意义下满足 $|x_i(t)|<M_i$，其中 M_i 是已知的正常数. $u\in\mathbf{R}$ 表示下列死区输出：

$$u=D(v)=\begin{cases}k_r(v-b_r), & v\geqslant b_r\\ 0, & -b_l<v<b_r\\ k_l(v+b_l), & v\leqslant -b_l\end{cases} \tag{5-4}$$

其中，k_r, k_l, b_r, b_l 均是未知常数；k_l, k_r 代表死区左右区域的斜率；$-b_l, b_r$ 分别代表死区的左、右突破点；$v\in\mathbf{R}$ 是死区输入信号.

根据文献[114]，死区可以写成下列线性和类似扰动组合的形式，即

$$D(v)=kv+m(t) \tag{5-5}$$

其中，

$$k=\begin{cases}k_r, & v>0\\ k_l, & v\leqslant 0\end{cases},\qquad m(t)=\begin{cases}-k_rb_r, & v>b_r\\ -kv, & -b_l<v<b_r\\ -k_lb_l, & v\leqslant -b_l\end{cases}$$

考虑到设计的需要，现引入下列假设条件：

假设 5.1 定义已知连续向量 $\bar{\boldsymbol{y}}_{ri}=[y_r,\cdots,y_r^{(i)}]^{\mathrm{T}}$，其中 $y_r^{(i)}$ 是 y_r 的第 i 次导数，并且 $\bar{\boldsymbol{y}}_{ri}\in\boldsymbol{\Omega}_{ri}\in\mathbf{R}^{i+1}$，其中 $\boldsymbol{\Omega}_{ri}$ 是已知紧集，$k_i>0$ 为已知常数且 $M_1-k_0>0$.

本节的控制目标是对系统（5-3），在假设 5.1 的条件下，设计一种自适应控制器，使得系统输出 y 能尽可能跟踪到给定的轨线 y_r，闭环系统内所有信号在概率意义下有界且全状态约束条件满足.

5.2.2 控制器设计

本节基于 Backstepping 方法设计系统（5-3）的控制器. 首先给出如下的误差坐标变换：

$$z_1=x_1-y_r,\ z_i=x_i-\alpha_{i-1},\quad i=2,\cdots,n \tag{5-6}$$

其中，z_i 是定义的误差，α_{i-1} 是设计的虚拟控制输入信号.

第 1 步：由定义的误差 $z_1=x_1-y_r$，得

$$\begin{aligned}\mathrm{d}z_1&=\mathrm{d}x_1-\mathrm{d}y_r\\&=(g_1x_2+f_1(\boldsymbol{x})-\dot{y}_r)\mathrm{d}t+\boldsymbol{h}_1^{\mathrm{T}}(x)\mathrm{d}\omega\end{aligned} \tag{5-7}$$

选择障碍李雅普诺夫函数 V_1 为

$$V_1=\frac{1}{4}\log\left(\frac{k_{b_1}^4}{k_{b_1}^4-z_1^4}\right)+\frac{\tilde{\theta}_1^2}{2\gamma_1} \tag{5-8}$$

其中，γ_1 是一个正的设计常数；$k_{b_1}>0$ 是待设计参数；$\tilde{\theta}_1=\theta_1-\hat{\theta}_1$ 是估计误差，θ_1 是待估常数，$\hat{\theta}_1$ 是 θ_1 的估计.

对 V_1 求无穷小算子，得

$$LV_1=\frac{z_1^3}{k_{b_1}^4-z_1^4}(g_1x_2+f_1(\boldsymbol{x})-\dot{y}_r)+\frac{z_1^2(3k_{b_1}^4+z_1^4)}{2(k_{b_1}^4-z_1^4)}\|h_1(\boldsymbol{x})\|^2-\frac{\tilde{\theta}_1\dot{\hat{\theta}}_1}{\gamma_1} \tag{5-9}$$

由式（5-6）定义的误差得 $x_2=z_2+\alpha_1$，代入式（5-7）有

$$LV_1=\frac{z_1^3}{k_{b_1}^4-z_1^4}(g_1z_2+g_1\alpha_1+f_1(\boldsymbol{x})-\dot{y}_r)+\frac{z_1^2(3k_{b_1}^4+z_1^4)}{2(k_{b_1}^4-z_1^4)}\|h_1(\boldsymbol{x})\|^2-\frac{\tilde{\theta}_1\dot{\hat{\theta}}_1}{\gamma_1}\tag{5-10}$$

利用 Young's 不等式，可得下列不等式成立：

$$\frac{z_1^3}{k_{b_1}^4-z_1^4}g_1z_2\leqslant\frac{3}{4}\left(\frac{z_1^3}{k_{b_1}^4-z_1^4}\right)^{\frac{4}{3}}+\frac{g_1^4}{4}z_2^4\tag{5-11}$$

$$\frac{z_1^2(3k_{b_1}^4+z_1^4)}{2(k_{b_1}^4-z_1^4)}\|h_1(\boldsymbol{x})\|^2\leqslant\frac{1}{3m_0^3}+\frac{1}{3\sqrt{2}}m_0^{\frac{3}{2}}\frac{z_1^3}{(k_{b_1}^4-z_1^4)^3}(3k_{b_1}^4+z_1^4)^{\frac{3}{2}}\|h_1(\boldsymbol{x})\|^3\tag{5-12}$$

将式（5-11）、式（5-12）代入式（5-10），并且用模糊逻辑系统 $\boldsymbol{\Phi}_1^{\mathrm{T}}\boldsymbol{S}_1(\boldsymbol{x},\Xi_1)$ 来逼近未知函数 $\bar{f}_1$，即有

$$\begin{aligned}\bar{f}_1&=f_1(\boldsymbol{x})-\dot{y}_r+\frac{3}{4}\left(\frac{z_1^3}{k_{b_1}^4-z_1^4}\right)^{\frac{1}{3}}+\frac{1}{3\sqrt{2}}m_0^{\frac{3}{2}}\frac{1}{(k_{b_1}^4-z_1^4)^2}(3k_{b_1}^4+z_1^4)^{\frac{3}{2}}\|h_1(\boldsymbol{x})\|^3\\&=\boldsymbol{\Phi}_1^{\mathrm{T}}\boldsymbol{S}_1(\boldsymbol{x},\Xi_1)+\varepsilon_1(\boldsymbol{x},\Xi_1)\end{aligned}\tag{5-13}$$

其中，$\Xi_1=(y_r,\dot{y}_r)$，$\varepsilon_1(\boldsymbol{x},\Xi_1)$ 是逼近误差，满足 $|\varepsilon_1(\boldsymbol{x},\Xi_1)|\leqslant\varepsilon_1^*$，$\varepsilon_1^*>0$ 是常数.

$$\begin{aligned}\frac{z_1^3}{k_{b_1}^4-z_1^4}\bar{f}_1&=\frac{z_1^3}{k_{b_1}^4-z_1^4}(\boldsymbol{\Phi}_1^{\mathrm{T}}\boldsymbol{S}_1(\boldsymbol{x},\Xi_1)+\varepsilon_1(\boldsymbol{x},\Xi_1))\\&\leqslant\frac{z_1^6\theta_1\boldsymbol{S}_1^{\mathrm{T}}(\boldsymbol{x},\Xi_1)\boldsymbol{S}_1(\boldsymbol{x},\Xi_1)}{2a_1^2(k_{b_1}^4-z_1^4)^2}+\frac{a_1^2}{2}+\frac{3z_1^4}{4(k_{b_1}^4-z_1^4)^{\frac{4}{3}}}+\frac{(\varepsilon_1^*)^4}{4}\\&\leqslant\frac{z_1^6\theta_1}{2a_1^2(k_{b_1}^4-z_1^4)^2}+\frac{a_1^2}{2}+\frac{3z_1^4}{4(k_{b_1}^4-z_1^4)^{\frac{4}{3}}}+\frac{(\varepsilon_1^*)^4}{4}\\&\leqslant\frac{z_1^6\theta_1}{2a_1^2(k_{b_1}^4-z_1^4)^2\bar{\boldsymbol{S}}_1^{\mathrm{T}}(x_1,\Xi_1)\bar{\boldsymbol{S}}_1(x_1,\Xi_1)}+\frac{a_1^2}{2}+\frac{3z_1^4}{4(k_{b_1}^4-z_1^4)^{\frac{4}{3}}}+\frac{(\varepsilon_1^*)^4}{4}\end{aligned}\tag{5-14}$$

其中，$\theta_1=\|\boldsymbol{\Phi}_1\|^2$，$\bar{\boldsymbol{S}}_1(x_1,\Xi_1)=\boldsymbol{S}_1(x_1,\boldsymbol{0},\Xi_1)$，模糊基函数取高斯函数，则 S_1 满足

$0 < \boldsymbol{S}_1^{\mathrm{T}}\boldsymbol{S}_1 \leqslant 1$，$\boldsymbol{0}$ 是$1\times(n-1)$维的零向量；a_1是正参数.

基于以上式子，有

$$LV_1 \leqslant \frac{g_1^4}{4}z_2^4 + \frac{z_1^6\theta_1}{2a_1^2(k_{b_1}^4 - z_1^4)^2\bar{\boldsymbol{S}}_1^{\mathrm{T}}(x_1,\Xi_1)\bar{\boldsymbol{S}}_1(x_1,\Xi_1)} +$$

$$\frac{z_1^3}{k_{b_1}^4 - z_1^4}g_1\alpha_1 + \frac{\tilde{\theta}_1\dot{\hat{\theta}}_1}{\gamma_1} + \frac{(\varepsilon_1^*)^4}{4} + \frac{a_1^2}{2} + \frac{1}{3m_0^3} \tag{5-15}$$

设计如下虚拟控制信号α_1和参数ξ_1, θ_1的自适应律：

$$\alpha_1 = N'(\xi_1)\hat{\alpha}_1 \tag{5-16}$$

$$\hat{\alpha}_1 = k_1 z_1 + \frac{z_1^3\hat{\theta}_1}{2a_1^2(k_{b_1}^4 - z_1^4)\bar{\boldsymbol{S}}_1^{\mathrm{T}}(x_1,\Xi_1)\bar{\boldsymbol{S}}_1(x_1,\Xi_1)} \tag{5-17}$$

$$\dot{\xi}_1 = d_1^{-1}\left(\frac{z_1^3}{k_{b_1}^4 - z_1^4}\hat{\alpha}_1\right) \tag{5-18}$$

$$\dot{\hat{\theta}}_1 = \frac{\gamma_1 z_1^6}{2a_1^2(k_{b_1}^4 - z_1^4)^2\bar{\boldsymbol{S}}_1^{\mathrm{T}}(x_1,\Xi_1)\bar{\boldsymbol{S}}_1(x_1,\Xi_1)} - \sigma_1\hat{\theta}_1 \tag{5-19}$$

其中，k_1, a_1, d_1, σ_1是正的设计参数.

将虚拟控制信号和参数自适应律即式（5-16）~式（5-19）代入式（5-15），得

$$LV_1 \leqslant -k_1\frac{z_1^4}{k_{b_1}^4 - z_1^4} + d_1(g_1 N'(\xi_1)+1)\dot{\xi}_1 + \frac{g_1^4 z_2^4}{4} + \frac{\sigma_1\tilde{\theta}_1\hat{\theta}_1}{\gamma_1} + \Delta_1 \tag{5-20}$$

其中，$\Delta_1 = \frac{(\varepsilon_1^*)^4}{4} + \frac{a_1^2}{2} + \frac{1}{3m_0^3}$.

第i步$(2 \leqslant i \leqslant n-1)$：由定义的误差，得

$$\begin{aligned} \mathrm{d}z_i &= \mathrm{d}x_i - \mathrm{d}\alpha_{i-1} \\ &= (g_i x_{i+1} + f_i(\boldsymbol{x}) - \dot{\alpha}_{i-1})\mathrm{d}t + \boldsymbol{h}_i^{\mathrm{T}}(\boldsymbol{x})\mathrm{d}\omega \\ &= (g_i(z_{i+1} + \alpha_i) + f_i(\boldsymbol{x}) - \dot{\alpha}_{i-1})\mathrm{d}t + \boldsymbol{h}_i^{\mathrm{T}}(\boldsymbol{x})\mathrm{d}\omega \end{aligned} \tag{5-21}$$

其中，

$$\dot{\alpha}_{i-1}=\sum_{j=1}^{i-1}\frac{\partial\alpha_{i-1}}{\partial x_j}(g_i x_{i+1}+f_i(\boldsymbol{x}))+\sum_{j=0}^{i-1}\frac{\partial\alpha_{i-1}}{\partial y_r^{(j)}}y_r^{(j+1)}+\sum_{j=0}^{i-1}\frac{\partial\alpha_{i-1}}{\partial\hat{\theta}_j}\dot{\hat{\theta}}_j$$
$$+\frac{1}{2}\sum_{l,j=1}^{i-1}\frac{\partial^2\alpha_{i-1}}{\partial x_j\partial x_l}\boldsymbol{h}_l^{\mathrm{T}}(\boldsymbol{x})\boldsymbol{h}_j^{\mathrm{T}}(\boldsymbol{x}).$$

选择障碍李雅普诺夫函数 V_i 为

$$V_i=\frac{1}{4}\log\left(\frac{k_{b_i}^4}{k_{b_i}^4-z_i^4}\right)+\frac{\tilde{\theta}_i^2}{2\gamma_i} \tag{5-22}$$

其中，γ_i 是一个正的设计常数；$k_{b_i}>0$ 是待设计参数；$\tilde{\theta}_i=\theta_i-\hat{\theta}_i$ 是估计误差，θ_i 是待估常数，$\hat{\theta}_i$ 是 θ_i 的估计. 则有

$$\begin{aligned}LV_i=&\frac{z_i^3}{k_{b_i}^4-z_i^4}(g_i z_{i+1}+g_i\alpha_i+f_i(\boldsymbol{x})-\dot{\alpha}_{i-1})+\\&\frac{z_i^2(3k_{b_i}^4+z_i^4)}{2(k_{b_i}^4-z_i^4)}\|h_i(\boldsymbol{x})\|^2-\frac{\tilde{\theta}_i\dot{\hat{\theta}}_i}{\gamma_i}\end{aligned} \tag{5-23}$$

由假设 5.1 和 Young's 不等式，可得下列不等式成立：

$$\frac{z_i^3}{k_{b_i}^4-z_i^4}g_i z_{i+1}\leqslant\frac{3}{4}\left(\frac{z_i^3}{k_{b_i}^4-z_i^4}\right)^{\frac{4}{3}}+\frac{g_i^4}{4}z_{i+1}^4 \tag{5-24}$$

$$\frac{z_i^2(3k_{b_i}^4+z_i^4)}{2(k_{b_i}^4-z_i^4)}\|\boldsymbol{h}_i(\boldsymbol{x})\|^2\leqslant\frac{1}{3m_0^3}+\frac{1}{3\sqrt{2}}m_0^{\frac{3}{2}}\frac{z_i^3}{(k_{b_i}^4-z_i^4)^3}(3k_{b_i}^4+z_i^4)^{\frac{3}{2}}\|\boldsymbol{h}_i(\boldsymbol{x})\|^3 \tag{5-25}$$

将式（5-24）和式（5-25）代入式（5-23），并用模糊逻辑系统 $\boldsymbol{\Phi}_i^{\mathrm{T}}\boldsymbol{S}_i(\boldsymbol{x},\Xi_i)$ 来逼近未知函数 $\bar{f}_i$，则有

$$\begin{aligned}\bar{f}_i=&f_i(x)-\dot{\alpha}_{i-1}+\frac{3}{4}\left(\frac{z_i^3}{k_{b_i}^4-z_i^4}\right)^{\frac{1}{3}}+\frac{z_i g_{i-1}^4(k_{b_i}^4-z_i^4)}{4}+\\&\frac{1}{3\sqrt{2}}m_0^{\frac{3}{2}}\frac{1}{(k_{b_i}^4-z_i^4)^2}(3k_{b_i}^4+z_i^4)^{\frac{3}{2}}\|\boldsymbol{h}_i(\boldsymbol{x})\|^3\\=&\boldsymbol{\Phi}_i^{\mathrm{T}}\boldsymbol{S}_i(\boldsymbol{x},\Xi_i)+\varepsilon_i(\boldsymbol{x},\Xi_i)\end{aligned} \tag{5-26}$$

其中，$\Xi_i=(y_r,\dot{y}_r,y_r^{(i-1)},\hat{\theta}_1,\hat{\theta}_2,\cdots,\hat{\theta}_{i-1})$，$\varepsilon_i(\boldsymbol{x},\Xi_i)$ 是逼近误差，满足$|\varepsilon_i(\boldsymbol{x},\Xi_i)|\leqslant\varepsilon_i^*$，$\varepsilon_i^*>0$是常数.

利用 Young's 不等式，得

$$\begin{aligned}\frac{z_i^3}{k_{b_i}^4-z_i^4}\bar{f}_i&=\frac{z_i^3}{k_{b_i}^4-z_i^4}(\boldsymbol{\Phi}_i^{\mathrm{T}}\boldsymbol{S}_i(\boldsymbol{x},\Xi_i)+\varepsilon_i(\boldsymbol{x},\Xi_i))\\&\leqslant\frac{z_i^6\theta_i\boldsymbol{S}_i^{\mathrm{T}}(\boldsymbol{x},\Xi_i)\boldsymbol{S}_i(\boldsymbol{x},\Xi_i)}{2a_i^2(k_{b_i}^4-z_i^4)^2}+\frac{a_i^2}{2}+\frac{3z_i^4}{4(k_{b_i}^4-z_i^4)^{\frac{4}{3}}}+\frac{(\varepsilon_i^*)^4}{4}\\&\leqslant\frac{z_i^6\theta_i}{2a_i^2(k_{b_i}^4-z_i^4)^2}+\frac{a_i^2}{2}+\frac{3z_i^4}{4(k_{b_i}^4-z_i^4)^{\frac{4}{3}}}+\frac{(\varepsilon_i^*)^4}{4}\\&\leqslant\frac{z_i^6\theta_i}{2a_i^2(k_{b_i}^4-z_i^4)^2\bar{\boldsymbol{S}}_i^{T}(\bar{\boldsymbol{x}}_i,\Xi_i)\bar{\boldsymbol{S}}_i(\bar{\boldsymbol{x}}_i,\Xi_i)}+\frac{a_i^2}{2}+\frac{3z_i^4}{4(k_{b_i}^4-z_i^4)^{\frac{4}{3}}}+\frac{(\varepsilon_i^*)^4}{4}\end{aligned}\tag{5-27}$$

其中，$\theta_i=\|\boldsymbol{\Phi}_i\|^2$，$\bar{\boldsymbol{S}}_i(\bar{\boldsymbol{x}}_i,\Xi_1)=\boldsymbol{S}_i(\bar{\boldsymbol{x}}_i,\boldsymbol{0},\Xi_i)$，模糊基函数取高斯函数，则 S_i 满足 $0<\boldsymbol{S}_i^{\mathrm{T}}\boldsymbol{S}_i\leqslant1$，$\boldsymbol{0}$ 是$1\times(n-i)$ 维的零向量，a_i 是正参数.

将式（5-27）代入式（5-23），得

$$\begin{aligned}LV_i\leqslant&\frac{g_i^4}{4}z_{i+1}^4+\frac{z_i^6\theta_i}{2a_i^2(k_{b_i}^4-z_i^4)^2\bar{\boldsymbol{S}}_i^{\mathrm{T}}(\bar{\boldsymbol{x}}_i,\Xi_i)\bar{\boldsymbol{S}}_i(\bar{\boldsymbol{x}}_i,\Xi_i)}+\frac{z_i^3}{k_{b_i}^4-z_i^4}g_i\alpha_i-\\&\frac{\tilde{\theta}_i\dot{\hat{\theta}}_i}{\gamma_i}+\frac{(\varepsilon_i^*)^4}{4}+\frac{a_i^2}{2}+\frac{1}{3m_0^3}\end{aligned}\tag{5-28}$$

设计如下虚拟控制信号 α_i 和参数 ξ_i,θ_i 的自适应律：

$$\alpha_i=N'(\xi_i)\hat{\alpha}_i\tag{5-29}$$

$$\hat{\alpha}_i=k_iz_i+\frac{z_i^3\hat{\theta}_i}{2a_i^2(k_{b_i}^4-z_i^4)\bar{\boldsymbol{S}}_i^{\mathrm{T}}(\bar{\boldsymbol{x}}_i,\Xi_i)\bar{\boldsymbol{S}}_i(\bar{\boldsymbol{x}}_i,\Xi_i)}\tag{5-30}$$

$$\dot{\xi}_i=d_i^{-1}\left(\frac{z_i^3}{k_{b_i}^4-z_i^4}\hat{\alpha}_i\right)\tag{5-31}$$

$$\dot{\hat{\theta}}_i = \frac{\gamma_i z_i^6}{2a_i^2(k_{b_i}^4 - z_i^4)^2 \bar{\boldsymbol{S}}_i^{\mathrm{T}}(\bar{\boldsymbol{x}}_i, \Xi_i)\bar{\boldsymbol{S}}_i(\bar{\boldsymbol{x}}_i, \Xi_i)} - \sigma_i \hat{\theta}_i \tag{5-32}$$

将虚拟控制信号和参数自适应律，即式（5-29）~式（5-32）代入式（5-28），得

$$LV_i \leqslant -k_i \frac{z_i^4}{k_{b_i}^4 - z_i^4} + d_i(g_i N'(\xi_i)+1)\dot{\xi}_i + \frac{g_i^4 z_{i+1}^4}{4} - \frac{\sigma_i \tilde{\theta}_i \hat{\theta}_i}{\gamma_i} - \frac{g_{i-1}^4 z_i^4}{4} + \Delta_i \tag{5-33}$$

其中，$\Delta_i = \dfrac{(\varepsilon_i^*)^4}{4} + \dfrac{a_i^2}{2} + \dfrac{1}{3m_0^3}$.

第 n 步：考虑误差 $z_n = x_n - \alpha_{n-1}$，则有

$$\begin{aligned} \mathrm{d}z_n &= \mathrm{d}x_n - \mathrm{d}\alpha_{n-1} \\ &= (g_n kv + g_n km(t) + f_n(\boldsymbol{x}) - \dot{\alpha}_{n-1})\mathrm{d}t + \boldsymbol{h}_n^{\mathrm{T}}(\boldsymbol{x})\mathrm{d}\omega \end{aligned} \tag{5-34}$$

其中，

$$\dot{\alpha}_{n-1} = \sum_{j=1}^{n-1} \frac{\partial \alpha_{n-1}}{\partial x_j}(g_i x_{i+1} + f_i(\boldsymbol{x})) + \sum_{j=0}^{n-1} \frac{\partial \alpha_{n-1}}{\partial y_r^{(j)}} y_r^{(j+1)} + \sum_{j=0}^{n-1} \frac{\partial \alpha_{n-1}}{\partial \hat{\theta}_j}\dot{\hat{\theta}}_j + \frac{1}{2}\sum_{l,\, j=1}^{n-1} \frac{\partial^2 \alpha_{n-1}}{\partial x_j \partial x_l} \boldsymbol{h}_l^{\mathrm{T}}(\boldsymbol{x})\boldsymbol{h}_j^{\mathrm{T}}(\boldsymbol{x})$$

选择障碍李雅普诺夫函数 V_n 为

$$V_n = \frac{1}{4}\log\left(\frac{k_{b_n}^4}{k_{b_n}^4 - z_n^4}\right) + \frac{\tilde{\theta}_n^2}{2\gamma_n} \tag{5-35}$$

其中，$k_{b_n} > 0$ 是待设计参数；$\tilde{\theta}_n = \theta_n - \hat{\theta}_n$ 是估计误差，θ_n 是待估常数，$\hat{\theta}_n$ 是 θ_n 的估计；γ_n 是一个正的设计常数. 则有

$$LV_n = \frac{z_n^3}{k_{b_n}^4 - z_n^4}(g_n^* v + g_n^* m(t) + f_n(\boldsymbol{x}) - \dot{\alpha}_{n-1}) + \frac{z_n^2(3k_{b_n}^4 + z_n^4)}{2(k_{b_n}^4 - z_n^4)} \| \boldsymbol{h}_n(\boldsymbol{x}) \|^2 - \frac{\tilde{\theta}_n \dot{\hat{\theta}}_n}{\gamma_n} \tag{5-36}$$

其中，$g_n^* = kg_n$.

利用 Young's 不等式和假设得到下列不等式成立：

$$\frac{z_n^3}{k_{b_n}^4-z_n^4}g_n^* m(t)\leqslant\frac{3}{4}\left(\frac{z_n^3 g_n^*}{k_{b_n}^4-z_n^4}\right)^{\frac{4}{3}}+\frac{\bar{m}^4}{4}\tag{5-37}$$

$$\frac{z_n^2(3k_{b_n}^4+z_n^4)}{2(k_{b_n}^4-z_n^4)}\|\boldsymbol{h}_n(\boldsymbol{x})\|^2\leqslant\frac{1}{3m_0^3}+\frac{1}{3\sqrt{2}}m_0^{\frac{3}{2}}\frac{z_n^3}{(k_{b_n}^4-z_n^4)^3}(3k_{b_n}^4+z_n^4)^{\frac{3}{2}}\|\boldsymbol{h}_n(\boldsymbol{x})\|^3\tag{5-38}$$

将式（5-37）和式（5-38）代入式（5-36），并用模糊逻辑系统 $\boldsymbol{\Phi}_n^{\mathrm{T}}\boldsymbol{S}_n(\boldsymbol{x},\Xi_n)$ 来逼近未知非线性函数 $\bar{f}_n$，即

$$\begin{aligned}\bar{f}_n&=f_n(\boldsymbol{x})-\dot{\alpha}_{n-1}+\frac{1}{3\sqrt{2}}m_0^{\frac{3}{2}}\frac{1}{(k_{b_n}^4-z_n^4)^2}(3k_{b_n}^4+z_n^4)^{\frac{3}{2}}\|\boldsymbol{h}_n(\boldsymbol{x})\|^3+\\&\quad\frac{z_n g_m^4(k_{b_n}^4-z_n^4)}{4}+\frac{3}{4}\frac{z_n(g_n^*)^{\frac{4}{3}}}{(k_{b_n}^4-z_n^4)^{\frac{1}{3}}}\\&=\boldsymbol{\Phi}_n^{\mathrm{T}}\boldsymbol{S}_n(\boldsymbol{x},\Xi_n)+\varepsilon_n(\boldsymbol{x},\Xi_n)\end{aligned}\tag{5-39}$$

其中，$\Xi_n=(y_r,\dot{y}_r,y_r^{(n-1)},\hat{\theta}_1,\hat{\theta}_2,\cdots,\hat{\theta}_{n-1})$，$\varepsilon_n(\boldsymbol{x},\Xi_n)$ 是逼近误差，满足 $|\varepsilon_n(\boldsymbol{x},\Xi_n)|\leqslant\varepsilon_n^*$，$\varepsilon_n^*>0$ 是常数.

利用 Young's 不等式，得

$$\begin{aligned}\frac{z_n^3}{k_{b_n}^4-z_n^4}\bar{f}_n&=\frac{z_n^3}{k_{b_n}^4-z_n^4}(\boldsymbol{\Phi}_n^{\mathrm{T}}\boldsymbol{S}_n(\boldsymbol{x},\Xi_n)+\varepsilon_n(\boldsymbol{x},\Xi_n))\\&\leqslant\frac{z_n^6\theta_n\boldsymbol{S}_n^{\mathrm{T}}(\boldsymbol{x},\Xi_n)\boldsymbol{S}_n(\boldsymbol{x},\Xi_n)}{2a_n^2(k_{b_n}^4-z_n^4)^2}+\frac{a_n^2}{2}+\frac{3z_n^4}{4(k_{b_n}^4-z_n^4)^{\frac{4}{3}}}+\frac{\varepsilon_n^{*^4}}{4}\\&\leqslant\frac{z_n^6\theta_n}{2a_n^2(k_{b_n}^4-z_n^4)^2}+\frac{a_n^2}{2}+\frac{3z_n^4}{4(k_{b_n}^4-z_n^4)^{\frac{4}{3}}}+\frac{\varepsilon_n^{*^4}}{4}\\&\leqslant\frac{z_n^6\theta_n}{2a_n^2(k_{b_n}^4-z_n^4)^2\bar{\boldsymbol{S}}_n^{\mathrm{T}}(\bar{\boldsymbol{x}}_n,\Xi_n)\bar{\boldsymbol{S}}_n(\bar{\boldsymbol{x}}_n,\Xi_n)}+\frac{a_n^2}{2}+\frac{3z_n^4}{4(k_{b_n}^4-z_n^4)^{\frac{4}{3}}}+\frac{\varepsilon_n^{*^4}}{4}\end{aligned}\tag{5-40}$$

其中，$\theta_n=\|\boldsymbol{\Phi}_n\|^2$，$\bar{\boldsymbol{S}}_n(\bar{\boldsymbol{x}}_n,\Xi_n)=\boldsymbol{S}_n(\boldsymbol{x},\Xi_n)$，模糊基函数取高斯函数，则 S_n 满足 $0<\boldsymbol{S}_n^{\mathrm{T}}\boldsymbol{S}_n\leqslant 1$，$a_n$ 是正参数.

设计如下控制器和参数自适应律：

$$v=N'(\xi_i)\hat{v} \tag{5-41}$$

$$\hat{v}=k_n z_n+\frac{z_n^3\hat{\theta}_n}{2a_n^2(k_{b_n}^4-z_n^4)\bar{\boldsymbol{S}}_n^{\mathrm{T}}(\bar{\boldsymbol{x}}_n,\Xi_n)\bar{\boldsymbol{S}}_n(\bar{\boldsymbol{x}}_n,\Xi_n)} \tag{5-42}$$

$$\dot{\xi}_n=d_n^{-1}\left(\frac{z_n^3}{k_{b_n}^4-z_n^4}\hat{v}\right) \tag{5-43}$$

$$\dot{\hat{\theta}}_n=\frac{\gamma_n z_n^6}{2a_n^2(k_{b_n}^4-z_n^4)^2\bar{\boldsymbol{S}}_n^{\mathrm{T}}(\boldsymbol{x}_n,\Xi_n)\bar{\boldsymbol{S}}_n(\boldsymbol{x}_n,\Xi_n)}-\sigma_n\hat{\theta}_n \tag{5-44}$$

将式（5-41）~式（5-44）代入式（5-40），得

$$LV_n\leqslant -k_n\frac{z_n^4}{k_{b_n}^4-z_n^4}+d_n(g_n^*N'(\xi_n)+1)\dot{\xi}_n-\frac{\sigma_n\tilde{\theta}_n\hat{\theta}_n}{\gamma_n}-\frac{g_{n-1}^4z_n^4}{4}+\Delta_n \tag{5-45}$$

其中，$\Delta_n=\dfrac{(\varepsilon_n^*)^4}{4}+\dfrac{a_n^2}{2}+\dfrac{1}{3m_0^3}+\dfrac{\bar{m}^4}{4}$.

最后，选择总的李雅普诺夫函数如下：

$$V=\sum_{i=1}^{n}V_i \tag{5-46}$$

根据式（5-20）、式（5-33）、式（5-45）、式（5-46），得

$$LV\leqslant -\sum_{i=1}^{n}k_i\frac{z_i^4}{k_{b_i}^4-z_i^4}+\sum_{i=1}^{n-1}d_i(g_iN'(\xi_i)+1)\dot{\xi}_i+d_n(g_n^*N'(\xi_n)+1)\dot{\xi}_n-\sum_{i=1}^{n}\frac{\sigma_i\tilde{\theta}_i^2}{2\gamma_i}+C \tag{5-47}$$

其中，$C=\sum_{i=1}^{n}\Delta_i+\sum_{i=1}^{n}\dfrac{\sigma_i\theta_i^2}{2\gamma_i}$.

5.2.3 主要结论及证明

定理 5.1 假设 5.1 满足，则由系统（5-3），虚拟控制器（5-29）和参数自适应律（5-31）、（5-32），实际控制器（5-41）和参数自适应律（5-43）、（5-44）组成的闭环系统，对任意有界的初始条件，有

（1）闭环系统内的所有信号在概率意义下有界；

（2）满足全状态约束.

证明 （1）由引理 5.1 和式（5-47），有

$$LV \leqslant -sV + \sum_{i=1}^{n-1} d_i (g_i N'(\xi_i) + 1)\dot{\xi}_i + d_n (g_n^* N'(\xi_n) + 1)\dot{\xi}_n + C \tag{5-48}$$

其中，$s = \min\{2k_i, 2\sigma_i, i = 1, 2, \cdots, n\}$.

根据文献[76]，得 $\sum_{i=1}^{n-1} d_i (g_i N'(\xi_i) + 1)\dot{\xi}_i + d_n (g_n^* N'(\xi_n) + 1)\dot{\xi}_n$ 有界，定义

$$m = \sup\left\{\left|\sum_{i=1}^{n-1} d_i (g_i N'(\xi_i) + 1)\dot{\xi}_i + d_n (g_n^* N'(\xi_n) + 1)\dot{\xi}_n\right|\right\} \tag{5-49}$$

则有

$$E[LV] \leqslant -sEV + \rho \tag{5-50}$$

其中，$\rho = m + C$.

另外，还可以得到

$$E[V] \leqslant \left(V(0) - \frac{\rho}{s}\right)\mathrm{e}^{-st} + \frac{\rho}{s} \tag{5-51}$$

其中，$V(0) = \sum_{i=1}^{n} \frac{1}{4} \log\left(\frac{k_{b_i}^4}{k_{b_i}^4 - z_i^4(0)}\right) + \sum_{i=1}^{n} \frac{\tilde{\theta}_i^2(0)}{2\gamma_i}$.

由式（5-51）可知，闭环系统内所有信号在概率意义下都是有界的[76].

（2）因为 $x_1 = z_1 + y_r(t)$，由假设 5.1，$y_r(t)$ 的有界性，设有正整数 k_0，有

$|y_r(t)| \leqslant k_0$ $|x_1| \leqslant |z_1| + |y_r(t)| < k_{b_1} + \kappa_0 < M_1$，选择 $k_{b_1} = M_1 - k_0$，使得 $|x_1| < M_1$. $\tilde{\theta}_1$ 是有界的，θ_1 是常数，所以 $\hat{\theta}_1$ 是有界的. 由于 $x_1, \hat{\theta}_1, y_r, \dot{y}_r$ 是有界的，所以 α_1 是有界的，即 $|\alpha_1| \leqslant \bar{\alpha}_1$，从 $z_2 = x_2 - \alpha_1$ 和 $|z_2| < k_{b_2}$，得 $|x_2| < k_{b_2} + \bar{\alpha}_1 < M_2$，选择 $k_{b_2} = M_2 - \bar{\alpha}_1$，使得 $|x_2| < M_2$，对于第 i 步也同样成立. 由于 x_{n-1} 和 $\hat{\theta}_{n-1}$ 是有界的，有 $|\alpha_{n-1}| \leqslant \bar{\alpha}_{n-1}$，从 $z_n = x_n - \alpha_{n-1}$，选择 $k_{b_n} = M_n - \bar{\alpha}_{n-1}$，使得 $|x_n| < M_n$，即可证满足全状态约束.

定理得证.

5.2.4 仿真结果

例 5.1 考虑如下随机非三角结构系统：

$$\begin{cases} dx_1 = [x_1 x_2 + (\sin x_1^2 + 1)x_2]dt + (x_2 \sin x_1^2)d\omega \\ dx_2 = [x_2 + u(v) + x_1 x_2]dt + (x_2^2 \sin x_1^2)d\omega \\ y = x_1 \end{cases} \tag{5-52}$$

其中，参考轨线是 $y_r = \sin(3t)$；状态约束满足 $|x_1| < 2$, $|x_2| < 5$, $k_{b_1} = 1$, $k_{b_2} = 2.1185$；其他的设计参数为 $k_1 = k_2 = 5$，$c_1 = c_2 = 6$，$d_1 = 1$，$d_2 = 3$，$\sigma_1 = \sigma_2 = 0.025$，$m_1 = m_2 = 8$，$a_1 = a_2 = 1$；初值为 $x_1(0) = 0.4$，$x_2(0) = 0.8$，$\hat{\theta}_1(0) = \hat{\theta}_2(0) = 0$，$\zeta_1(0) = 0.001$，$\zeta_2(0) = 0.005$；死区参数选择为 $k_l = 1$，$k_r = 2$，$b_l = 0.25$，$b_r = 0.2$；隶属度函数选择为 $\mu_{F_i^j}(x_i) = e^{\left[-\frac{(x_i - 6 + 2l)^2}{4}\right]}$，$l = 1, 2, 3, 4, 5, 6$. 仿真结果如图 5.1~图 5.6.

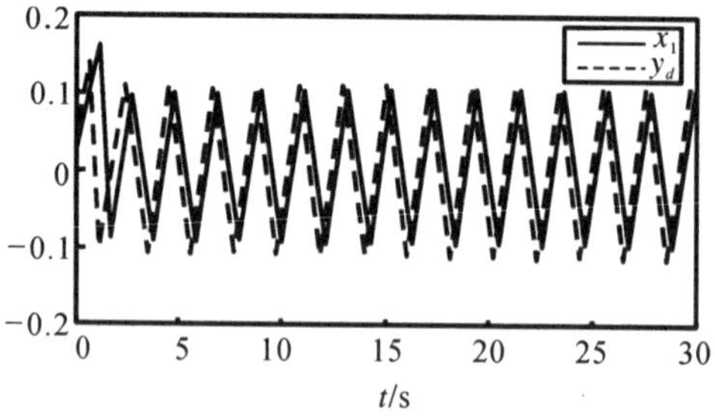

图 5.1　x_1 (solid line)及 y_d (dashed line)

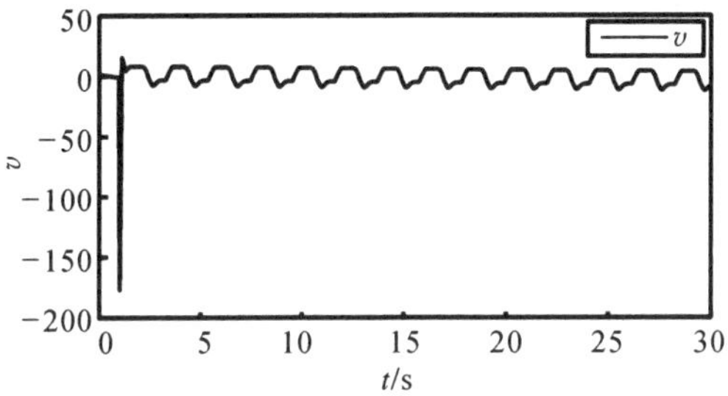

图 5.2　输入死区 v 曲线图

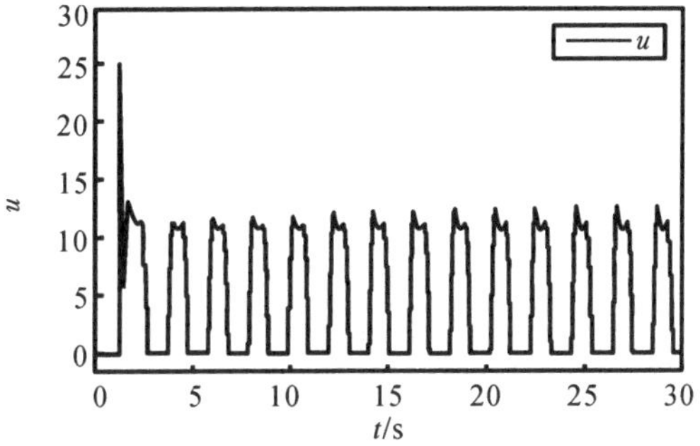

图 5.3　控制输入 u 曲线图

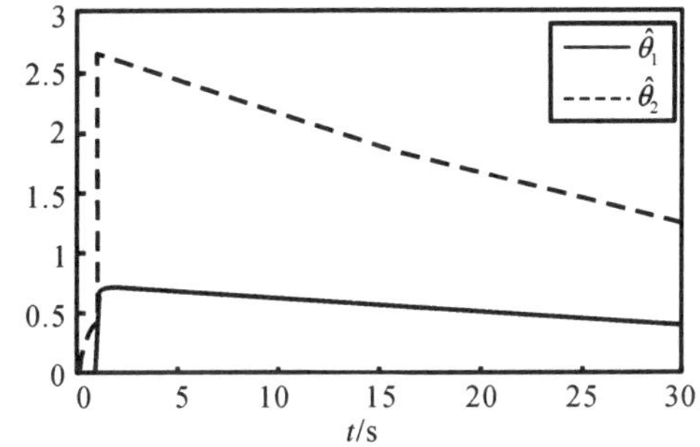

图 5.4　$\hat{\theta}_1$ (solid line)及 $\hat{\theta}_2$ (dashed line)

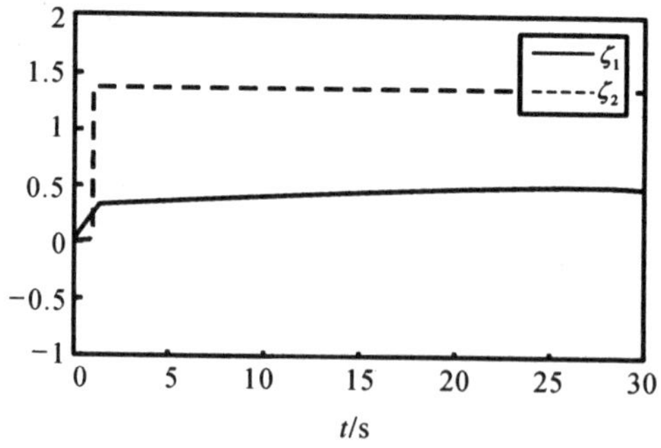

图 5.5　ζ_1 (solid line)及 ζ_2 (dashed line)

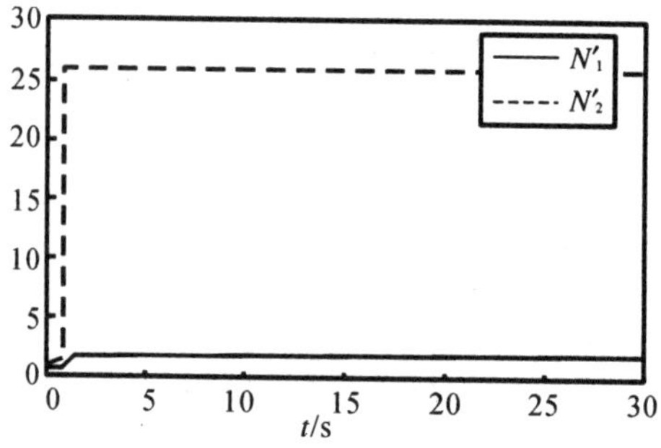

图 5.6　N_1' (solid line)及 N_2' (dashed line)

图 5.1~图 5.6 显示了所提方法的有效性. 从图 5.1 可以看到，该方法跟踪效果良好. 从图 5.2 和图 5.3 可以看出，死区输入 v 和控制输入 u 是有界的. 从图 5.4~图 5.6 可以看到，参数估计 $\hat{\theta}_1, \hat{\theta}_2$ 和 ζ_1, ζ_2 及函数 N_1' , N_2' 是有界的. 参数的选择采用试错法，与文献[65]相比，本章考虑的系统及因素更多.

5.3　本章小结

在考虑具有随机扰动输入死区和控制方向未知的情形下，本章对非三角结构随机系统设计了基于死区输入的自适应模糊控制器，证明了闭环系统内所有信号在概率意义下有界且满足全状态约束条件，最后用仿真例子说明了所提方法的有效性.

6

时延非三角互联系统的全状态约束自适应模糊控制

本章研究不确定非三角结构关联时延系统的控制问题. 6.2 节针对非三角结构关联时延系统，给出全状态时不变约束模糊自适应容错控制设计和性能分析. 6.3 节针对非三角结构关联时延系统，给出全状态时变约束模糊自适应控制器和稳定性结果.

6.1 引 言

在电网、航空航天、计算机网络等实际领域，这些对象的表达不再是用单个系统，而是需要由多个子系统相互连接构成进行表达且信息可在各个子系统之间相互传递. 对于此类系统，主要控制目标是为其设计分散控制器，分散控制器的主要特征是其局部控制器可以减轻计算负担，增强系统的鲁棒性和可靠性. Wen 和 SOH[96]基于积分器 Backstepping 方法，设计了一种分散控制自适应控制方法. Chen 和 Li[97]对具有未知互联项的不确定互联系统，利用 Backstepping 方法，设计了自适应输出反馈控制策略. 随后关于互联系统的研究也涌现了很多的成果[98-101]. 近年来，随着学者们对系统研究的广泛开展，关于非三角结构互联系统的研究也引起了人们的兴趣，并取得了一些成果[61, 177-180]. Chen 等[177]对 MIMO 非三角结构互联系统，采用分离变量法，设计了模糊自适应控制方法从而实现了控制目标. Cao 等[180]对非三角结构互联系统设计了基于事件驱动的自适应模糊输出反馈控制器.

为了加强系统的可靠性和安全性，在实际中经常需要考虑被控系统的容错问题，比如在研究飞机控制时，执行器被建模为执行器有损失效率或者锁定位置有未知偏差存在[181]. Tao 等[150]针对具有容错的线性系统，设计了自适应控制策略. 之后容错控制方法被推广到非线性系统[182-184]. 由于容错问题在实际中的普遍性和重要性，所以将其考虑到非三角结构互联系统的控制问题中，设计自适应神经网络分散控制器是非常有意义的. Li 和 Tong[185]研究了非三角结构互联系统的控制问题，设计了自适应神经网络分散控制器，在容错范围内确保了控制目标的实现.

在实际系统中，系统往往要受到客观约束的限制. 约束控制是控制领域的一个公开难题. Xu[186]、Li 等[187]分别针对有输出约束的非三角结构互联系统，设计出模糊自适应控制方法实现了控制目标. 然而之前的研究者在对非三角结构互联系统进行研究时并没有考虑到时延和状态约束问题. 受到以上问题启发，本章针对关联时延系统，研究具有容错控制的受约束非三角结构互联系统的自适应控制. 6.2 节将讨论具有非三角结构互联时延系统的容错输入和静态约束的全状态约束问题. 6.3 节将讨论具有非三角结构互联时延系统的动态时变全状态约束问题. 本章设计模糊控制器保证闭环系统所有信号有界且满足全状态约束条件. 仿真例子说明了所提控制方法的有效性.

6.2 全状态约束的互联时延系统的自适应容错控制

6.2.1 问题的提出

考虑如下非三角结构互联系统:

$$\begin{cases} \dot{x}_{ij} = g_{ij}(\bar{\boldsymbol{x}}_{ij})x_{ij+1} + f_{ij}(\boldsymbol{x}) + H_{ij}(\bar{\boldsymbol{y}}_\tau), 1 \leqslant j \leqslant n_i - 1 \\ \dot{x}_{in_i} = g_{in_i}(\bar{\boldsymbol{x}}_{in_i})u_{if} + f_{in_i}(\boldsymbol{x}) + H_{in_i}(\bar{\boldsymbol{y}}_\tau) \\ y_i = x_{i1} \end{cases} \tag{6-1}$$

其中，$\bar{\boldsymbol{x}}_{ij} = [x_{i1}, x_{i2}, \cdots, x_{ij}]^{\mathrm{T}}, 1 < j \leqslant n_i, 1 < i \leqslant N$；$\boldsymbol{x} = [x_{11}, x_{12}, \cdots, x_{Nn_i}]^{\mathrm{T}}$；函数 $f_{ij}(\cdot)$, $g_{ij}(\cdot)$ 和 $H_{ij}(\cdot)$ 均为未知的光滑函数；输出时延 $\bar{\boldsymbol{y}}_\tau = [y_{\tau 1}, y_{\tau 2}, \cdots, y_{\tau N}]^{\mathrm{T}} = [y_1(t-\tau_1), y_2(t-\tau_2), \cdots, y_N(t-\tau_N)]^{\mathrm{T}}$；$H_{ij}(\cdot)$ 表示子系统之间的互联部分；y_i 表示第 i 个子系统

的输出；u_{if} 表示第 i 个子系统的容错控制输入. 状态约束指每个子系统的状态满足 $|x_{ij}|<M_{ij}$，其中，M_{ij} 是正数.

类似文献[188]，容错输入 u_{if} 可以表示成下列形式：

$$u_{if}(t)=(1-\mu_i)u_i(t)+\omega_i(t),\ i=1,2,\cdots,N \tag{6-2}$$

其中，μ_i 是未知的控制律损失，满足 $0\leqslant\mu_i<1$；$\omega_i(t)$ 是偏差的有界信号.

接下来给出假设条件：

假设 6.1 当 $1<i\leqslant N,\ 1<j\leqslant n_i$，光滑函数 $g_{ij}(\cdot)$ 未知但其符号已知，b_m, b_M 是正常数，不失一般性，假设 $g_{ij}(\cdot)$ 满足 $0<b_m\leqslant g_{ij}(\cdot)\leqslant b_M$.

假设 6.2[189] 对于系统（6-1）中的不确定函数 $H_{ij}(\bar{y}_\tau)$，存在未知的光滑函数 $h_{ijl}(y_{\tau l})$，使得对于 $1<i\leqslant N, 1<j\leqslant n_i$ 都有

$$|H_{ij}(\bar{y}_\tau)|^2\leqslant\sum_{l=1}^{N}h_{ijl}^2(y_{\tau l}), \tag{6-3}$$

其中，$h_{ijl}(0)=0,\ 1\leqslant l\leqslant N$，且根据微分中值定理有 $h_{ijl}(y_{\tau l})=y_{\tau l}\bar{h}_{ijl}(y_{\tau l})$ 成立.

本节的控制目标是对系统（6-1），在假设 6.1 和 6.2 的条件下，设计一种分散的自适应控制器 $u_i(t)$，使得闭环系统内所有信号有界且满足全状态约束条件.

6.2.2 控制器设计

针对系统（6-1），本节基于 Backstepping 方法设计出模糊自适应控制器. 第 i 个子系统的控制器设计如下：

第 i,1 步：定义误差 $z_{i1}=x_{i1}, z_{i2}=x_{i2}-\alpha_{i1}$，由定义的误差和系统（6-1）得

$$\dot{z}_{i1}=\dot{x}_{i1}=g_{i1}(z_{i2}+\alpha_{i1})+f_{i1}(\boldsymbol{x})+H_{i1}(\bar{y}_\tau) \tag{6-4}$$

选择如下障碍李雅普诺夫泛函：

$$V_{i1}=\frac{1}{2}\log\frac{k_{b_{i1}}^2}{(k_{b_{i1}}^2-z_{i1}^2)} \tag{6-5}$$

其中，$k_{b_{i1}}>0$ 是待确定的界.

结合式（6-4）和式（6-5），得 V_{i1} 的导数：

$$\dot{V}_{i1}=M_{z_{i1}}(g_{i1}z_{i2}+g_{i1}\alpha_{i1}+f_{i1}(\boldsymbol{x})+H_{i1}(\bar{y}_\tau)) \tag{6-6}$$

其中，$M_{z_{i1}}=\dfrac{z_{i1}}{(k_{b_{i1}}^2-z_{i1}^2)}$.

根据 Young's 不等式和假设 6.2，可得下列不等式：

$$M_{z_{i1}}H_{i1}(\bar{y}_\tau)\leqslant M_{z_{i1}}^2\sum_{l=1}^{N}y_{\tau l}^2\bar{h}_{i1l}^2(y_{\tau l})+\frac{1}{4} \tag{6-7}$$

将式（6-7）代入式（6-6），有

$$\dot{V}_{i1}\leqslant M_{z_{i1}}g_{i1}z_{i2}+M_{z_{i1}}(g_{i1}\alpha_{i1}+f_{i1}(\boldsymbol{x}))+M_{z_{i1}}^2\sum_{l=1}^{N}y_{\tau l}^2\bar{h}_{i1l}^2(y_{\tau l})+\frac{1}{4} \tag{6-8}$$

第 i,j 步 $(2\leqslant j\leqslant n_i-1)$：定义误差 $z_{ij}=x_{ij}-\alpha_{ij-1},z_{ij+1}=x_{ij+1}-\alpha_{ij}$，得

$$\dot{z}_{ij}=\dot{x}_{ij}-\dot{\alpha}_{ij-1}=g_{ij}(z_{ij+1}+\alpha_{ij})x_{ij+1}+f_{ij}(\boldsymbol{x})+H_{ij}(\bar{y}_\tau)-\dot{\alpha}_{ij-1} \tag{6-9}$$

选择如下障碍李雅普诺夫函数：

$$V_{ij}=\frac{1}{2}\log\frac{k_{b_{ij}}^2}{(k_{b_{ij}}^2-z_{ij}^2)} \tag{6-10}$$

其中，$k_{b_{ij}}>0$ 是待确定的界.

结合式（6-9）和式（6-10），V_{ij} 的导数如下：

$$\dot{V}_{ij}=M_{z_{ij}}(g_{ij}z_{ij+1}+g_{ij}\alpha_{ij}+f_{ij}(\boldsymbol{x})+H_{ij}(\bar{y}_\tau)-\dot{\alpha}_{ij-1}) \tag{6-11}$$

其中，$M_{z_{ij}}=\dfrac{z_{ij}}{(k_{b_{ij}}^2-z_{ij}^2)}$.

根据 Young's 不等式和假设 6.2，得

$$M_{z_{ij}}H_{ij}(\bar{y}_\tau)\leqslant M_{z_{ij}}^2\sum_{l=1}^{N}y_{\tau l}^2\bar{h}_{ijl}^2(y_{\tau l})+\frac{1}{4} \tag{6-12}$$

将不等式（6-12）代入式（6-11），得

$$\dot{V}_{ij} \leqslant M_{z_{ij}} g_{ij} z_{ij+1} + M_{z_{ij}}(g_{ij}\alpha_{ij} + f_{ij}(\boldsymbol{x})) + M_{z_{ij}}^2 \sum_{l=1}^{N} y_{\tau l}^2 \bar{h}_{ijl}^2(y_{\tau l}) + \frac{1}{4} \tag{6-13}$$

第i,n_i步：定义误差$z_{in_i} = x_{in_i} - \alpha_{in_i-1}$，则

$$\dot{z}_{in_i} = \dot{x}_{in_i} - \dot{\alpha}_{in_i-1} = g_{in_i}(\bar{x}_{in_i})u_i^f + f_{in_i}(\boldsymbol{x}) + H_{in_i}(\bar{y}_\tau) - \dot{\alpha}_{in_i-1} \tag{6-14}$$

选择如下障碍李雅普诺夫函数：

$$V_{in_i} = \frac{1}{2}\log\frac{k_{b_{in_i}}^2}{(k_{b_{in_i}}^2 - z_{in_i}^2)} + \frac{b_m}{2\gamma_i}\tilde{\theta}_i^2 \tag{6-15}$$

其中，$k_{b_{ij}} > 0$是待确定的界；$\tilde{\theta}_i = \theta_i - \hat{\theta}_i$是估计误差，$\theta_i$是待估常数，$\hat{\theta}_i$是$\theta_i$的估计；$\gamma_i$是正参数.

与前面类似，取$M_{z_{in_i}} = \dfrac{z_{in_i}}{(k_{b_{in_i}}^2 - z_{in_i}^2)}$，则$\dot{V}_{in_i}$可以写成

$$\dot{V}_{in_i} = M_{zn_i}(g_{in_i}u_i^f + f_{ij}(\boldsymbol{x}) + H_{ij}(\bar{y}_\tau) - \dot{\alpha}_{in_i-1}) - \frac{b_m}{\gamma_i}\tilde{\theta}_i\dot{\hat{\theta}}_i \tag{6-16}$$

根据 Young's 不等式和假设 6.2，得

$$M_{z_{in_i}} H_{in_i}(\bar{y}_\tau) \leqslant M_{z_{in_i}}^2 \sum_{l=1}^{N} y_{\tau l}^2 \bar{h}_{in_i l}^2(y_{\tau l}) + \frac{1}{4} \tag{6-17}$$

将式（6-17）代入式（6-16），得

$$\begin{aligned}\dot{V}_{in_i} \leqslant{}& M_{z_{in_i}}[g_{in_i}(1-\mu_i)u_i + g_{in_i}\omega_i(t) + f_{in_i}(\boldsymbol{x}) - \dot{\alpha}_{in_i f}] + \\ & M_{z_{in_i}}^2 \sum_{l=1}^{N} y_{\tau l}^2 \bar{h}_{in_i l}^2(y_{\tau l}) - \frac{b_m}{\gamma_i}\tilde{\theta}_i\dot{\hat{\theta}}_i + \frac{1}{4}\end{aligned} \tag{6-18}$$

接下来设计总的李雅普诺夫函数，给出如下李雅普诺夫泛函：

$$V = \sum_{i=1}^{N}\sum_{j=1}^{n_i} V_{ij} + V_W \tag{6-19}$$

其中，

$$V_W=\sum_{i=1}^{N}\sum_{j=1}^{n_i}\sum_{l=1}^{N}\mathrm{e}^{-\gamma(t-\tau_l)}\int_{t-\tau_l}^{t}M_{z_{ij}}^2\mathrm{e}^{\gamma s}y_l^2(s)\bar{h}_{ijl}^2(y_l(s))\mathrm{d}s$$

将式（6-8）、式（6-13）和式（6-18）代入$\dot{V}$中，得

$$\dot{V}\leqslant\sum_{i=1}^{N}M_{z_{i1}}(g_{i1}\alpha_{i1}+g_{i1}z_{i2}+f_{i1}(\boldsymbol{x}))+M_{z_{i1}}^2\sum_{l=1}^{N}y_l^2\mathrm{e}^{\gamma\tau_l}\bar{h}_{i1l}^2(y_l)+$$

$$\sum_{i=1}^{N}\sum_{j=2}^{n_i-1}M_{z_{ij}}(g_{ij}\alpha_{ij}+g_{ij}z_{ij+1}+f_{ij}(\boldsymbol{x})-\dot{\alpha}_{ij-1})+M_{z_{ij}}^2\sum_{l=1}^{N}y_l^2\mathrm{e}^{\gamma\tau_l}\bar{h}_{ijl}^2(y_l)+$$

$$\sum_{i=1}^{N}M_{z_{in_i}}[g_{in_i}(1-\mu_i)u_i+g_{in_i}\omega_i+f_{in_i}(\boldsymbol{x})-\dot{\alpha}_{in_i-1}]+$$

$$M_{z_{in_i}}^2\sum_{l=1}^{N}y_l^2e^{\gamma\tau_l}\bar{h}_{in_il}^2(y_l)+\sum_{i=1}^{N}\frac{b_m}{\gamma_i}\tilde{\theta}_i\dot{\hat{\theta}}_i+\sum_{i=1}^{N}\sum_{j=2}^{n_i}\frac{1}{4}-\gamma V_W \tag{6-20}$$

定义未知函数$\bar{f}_{ij}(\boldsymbol{Z}_{ij})\,(i=1,2,\cdots,N)$如下：

$$\bar{f}_{i1}(\boldsymbol{Z}_{i1})=f_{i1}(\boldsymbol{x})+\frac{1}{2}M_{z_{i1}}+M_{z_{i1}}\sum_{l=1}^{N}\sum_{j=1}^{n_i}y_l^2\mathrm{e}^{\gamma\tau_i}\bar{h}_{i1l}^2(y_i) \tag{6-21}$$

$$\bar{f}_{ij}(\boldsymbol{Z}_{ij})=f_{ij}(\boldsymbol{x})+\frac{1}{2}M_{z_{ij}}+M_{z_{ij}}\sum_{l=1}^{N}\sum_{j=1}^{n_i}y_l^2\mathrm{e}^{\gamma\tau_i}\bar{h}_{ijl}^2(y_i)-\dot{\alpha}_{ij-1}+$$

$$M_{z_{ij-1}}g_{ij-1}(k_{b_{ij}}^2-z_{ij}^2),\ j=2,\cdots n_i-1 \tag{6-22}$$

$$\bar{f}_{in_i}(\boldsymbol{Z}_{in_i})=f_{in_i}(\boldsymbol{x})+g_{in_i}\omega_i+\frac{1}{2}M_{z_{in_i}}+M_{z_{in_i}}\sum_{l=1}^{N}\sum_{j=1}^{n_i}y_l^2\mathrm{e}^{\gamma\tau_i}\bar{h}_{in_il}^2(y_i)-\dot{\alpha}_{in_i-1}+$$

$$K_{z_{in_i-1}}g_{in_{i-1}}(k_{b_{in_i}}^2-z_{in_i}^2) \tag{6-23}$$

其中，$\boldsymbol{Z}_{i1}=\boldsymbol{x}$，$\boldsymbol{Z}_{ij}=(\boldsymbol{x},\hat{\theta}_i)$.

由式（6-21）~式（6-23）和式（6-20），得

$$\dot{V}\leqslant -\gamma V_W+\sum_{i=1}^{N}M_{z_{i1}}(g_{i1}\alpha_{i1}+\bar{f}_{i1}(\boldsymbol{Z}_{i1}))+\sum_{i=1}^{N}\sum_{j=2}^{n_i-1}M_{z_{ij}}(g_{ij}\alpha_{ij}+\bar{f}_{ij}(\boldsymbol{Z}_{ij}))+$$
$$\sum_{i=1}^{N}M_{z_{in_i}}(g_{in_i}(1-\mu_i)u_i+\bar{f}_{in_i}(\boldsymbol{Z}_{in_i}))+\sum_{i=1}^{N}\frac{b_m}{\gamma_i}\tilde{\theta}_i\dot{\hat{\theta}}_i+\sum_{i=1}^{N}\sum_{j=1}^{n_i}\frac{1}{4} \tag{6-24}$$

接下来用模糊逻辑系统 $\boldsymbol{\Psi}_{ij}^{*\mathrm{T}}\zeta_{ij}(\boldsymbol{x},Q_{ij})$ 去逼近未知函数 $\bar{f}_{ij}(\boldsymbol{Z}_{ij})$，即

$$\bar{f}_{ij}(\boldsymbol{Z}_{ij})=\boldsymbol{\Psi}_{ij}^{*\mathrm{T}}\zeta_{ij}(\boldsymbol{x},Q_{ij})+\varepsilon_{ij}(\boldsymbol{x},Q_{ij}) \tag{6-25}$$

定义几个常数 $\theta_i=\max\{\theta_{i1},\theta_{i2},\cdots,\theta_{i(n_i-1)},\theta_{in_i}\}$，其中，$\theta_{ij}=\dfrac{1}{b_m}\|\boldsymbol{\Psi}_{ij}\|^2$，$\theta_{in_i}=\dfrac{1}{b_m\rho_0}\|\boldsymbol{\Psi}_{in_i}\|^2$，$j=1,2,\cdots,n_i-1$．其中，$\rho_0$ 是正常数，满足 $\rho_0\leqslant 1-\mu_i$．

利用 Young's 不等式，得

$$\begin{aligned}M_{z_{ij}}\bar{f}_{ij}(\boldsymbol{Z}_{ij})&\leqslant\frac{M_{z_{ij}}^2b_m\theta_i\boldsymbol{\zeta}_{ij}^{\mathrm{T}}(\boldsymbol{x},Q_{ij})\boldsymbol{\zeta}_{ij}(\boldsymbol{x},Q_{ij})}{2\eta_{ij}^2}+\frac{\eta_{ij}^2}{2}+\frac{M_{z_{ij}}^2}{2}+\frac{(\varepsilon_{ij}^*)^2}{2}\\&\leqslant\frac{M_{z_{ij}}^2b_m\theta_i}{2\eta_{ij}^2}+\frac{\eta_{ij}^2}{2}+\frac{M_{z_{ij}}^2}{2}+\frac{(\varepsilon_{ij}^*)^2}{2}\\&\leqslant\frac{M_{z_{ij}}^2b_m\theta_i}{2\eta_{ij}^2\bar{\boldsymbol{\zeta}}_{ij}^{\mathrm{T}}(\bar{\boldsymbol{x}}_{ij},Q_{ij})\bar{\boldsymbol{\zeta}}_{ij}(\bar{\boldsymbol{x}}_{ij},Q_{ij})}+\frac{\eta_{ij}^2}{2}+\frac{M_{z_{ij}}^2}{2}+\frac{(\varepsilon_{ij}^*)^2}{2}\end{aligned} \tag{6-26}$$

$$\begin{aligned}M_{z_{in_i}}\bar{f}_{in_i}(\boldsymbol{Z}_{in_i})&\leqslant\frac{M_{z_{in_i}}^2b_m\rho_0\theta_i\boldsymbol{\zeta}_{in_i}^{\mathrm{T}}(\boldsymbol{x},Q_{in_i})\boldsymbol{\zeta}_{in_i}(\boldsymbol{x},Q_{in_i})}{2\eta_{in_i}^2}+\frac{\eta_{in_i}^2}{2}+\frac{M_{z_{in_i}}^2}{2}+\frac{(\varepsilon_{in_i}^*)^2}{2}\\&\leqslant\frac{M_{z_{in_i}}^2b_m\rho_0\theta_i}{2\eta_{in_i}^2}+\frac{\eta_{in_i}^2}{2}+\frac{M_{z_{in_i}}^2}{2}+\frac{(\varepsilon_{in_i}^*)^2}{2}\\&\leqslant\frac{M_{z_{in_i}}^2b_m\rho_0\theta_i}{2\eta_{in_i}^2\bar{\boldsymbol{\zeta}}_{in_i}^{\mathrm{T}}(\bar{\boldsymbol{x}}_{in_i},Q_{in_i})\bar{\boldsymbol{\zeta}}_{in_i}(\bar{\boldsymbol{x}}_{in_i},Q_{in_i})}+\frac{\eta_{in_i}^2}{2}+\frac{M_{z_{in_i}}^2}{2}+\frac{(\varepsilon_{in_i}^*)^2}{2}\end{aligned} \tag{6-27}$$

其中，$\bar{\boldsymbol{\zeta}}_{ij}(\bar{x}_{ij},Q_{ij})=\boldsymbol{\zeta}_{ij}(\bar{x}_{ij},\boldsymbol{0},Q_{ij})$，$\boldsymbol{0}$ 是 $1\times\left(\sum_{i=1}^{N}n_i-j\right)$ 维的零向量，$\boldsymbol{\zeta}_{ij}$ 取高斯基函数，

满足条件$0<\boldsymbol{\zeta}_{ij}^{\mathrm{T}}\boldsymbol{\zeta}_{ij}\leqslant 1$，$Q_{ij}=(\hat{\theta}_i,\dot{\hat{\theta}}_i)$；$\eta_{ij}$是正参数.

设计虚拟控制信号α_{i1},α_{ij}，u_i和参数θ_i自适应律如下：

$$\alpha_{i1}=-c_{i1}z_{i1}-\frac{M_{z_{i1}}\hat{\theta}_i}{2\eta_{i1}^2\overline{\boldsymbol{\zeta}}_{i1}^{\mathrm{T}}(x_{i1},Q_{i1})\overline{\boldsymbol{\zeta}}_{i1}(x_{i1},Q_{i1})} \tag{6-28}$$

$$\alpha_{ij}=-c_{ij}z_{ij}-\frac{M_{z_{ij}}\hat{\theta}_i}{2\eta_{ij}^2\overline{\boldsymbol{\zeta}}_{ij}^{\mathrm{T}}(\overline{\boldsymbol{x}}_{ij},Q_{ij})\overline{\boldsymbol{\zeta}}_{ij}(\overline{\boldsymbol{x}}_{ij},Q_{ij})},\ j=2,\cdots,n_i-1 \tag{6-29}$$

$$u_i=-c_{in_i}z_{in_i}-\frac{M_{z_{in_i}}\hat{\theta}_i}{2\eta_{in_i}^2\overline{\boldsymbol{\zeta}}_{in_i}^{\mathrm{T}}(\overline{\boldsymbol{x}}_{in_i},Q_{in_i})\overline{\boldsymbol{\zeta}}_{in_i}(\overline{\boldsymbol{x}}_{in_i},Q_{in_i})} \tag{6-30}$$

$$\dot{\hat{\theta}}_i=\sum_{j=1}^{n_i-1}\frac{\gamma_i M_{z_{ij}}^2}{2\eta_{ij}^2\overline{\boldsymbol{\zeta}}_{ij}^{\mathrm{T}}(\overline{\boldsymbol{x}}_{ij},Q_{ij})\overline{\boldsymbol{\zeta}}_{ij}(\overline{\boldsymbol{x}}_{ij},Q_{ij})}+\frac{\gamma_i\rho_0 M_{z_{in_i}}^2}{2\eta_{in_i}^2\overline{\boldsymbol{\zeta}}_{in_i}^{\mathrm{T}}(\overline{\boldsymbol{x}}_{in_i},Q_{in_i})\overline{\boldsymbol{\zeta}}_{in_i}(\overline{\boldsymbol{x}}_{in_i},Q_{in_i})}-\sigma_i\hat{\theta}_i \tag{6-31}$$

其中，$c_{i1},c_{ij},c_{in_i},\sigma_i$为正参数.

由以上式子，得

$$\dot{V}\leqslant-\sum_{i=1}^{N}\left(\sum_{j=1}^{n_i}c_{ij}b_m\frac{z_{ij}^2}{k_{b_{ij}}^2-z_{ij}^2}+\frac{\sigma_i b_m}{2\lambda_i}\tilde{\theta}_i^2\right)+\sum_{i=1}^{N}\sum_{j=1}^{n_i}\left[\frac{1}{4}+\frac{(\varepsilon_{ij}^*)^2}{2}+\frac{\sigma_i b_m}{2\lambda_i}\theta_i^2\right]-\gamma V_W \tag{6-32}$$

6.2.3 主要结论

定理 6.1 假设 6.1 和假设 6.2 均满足，则由关联非三角时延系统（6-1），虚拟控制器（6-28）和（6-29），实际控制器（6-30）和参数自适应律（6-31）组成的闭环系统，如果初始条件是有界的，有

（1）闭环系统内的所有信号有界；

（2）每一个子系统的状态满足约束条件.

证明 由式（6-32），得

$$\dot{V}\leqslant-\mu V+\delta \tag{6-33}$$

其中，

$$\mu=\min\{2c_{ij}b_m,\sigma_i,i=1,2,\cdots,N,j=1,2,\cdots,n_i\}$$

$$\delta=\sum_{i=1}^{N}\sum_{j=1}^{n_i}\left(\frac{1}{4}+\frac{(\varepsilon_{ij}^*)^2}{2}+\frac{\sigma_i b_m}{2\lambda_i}\theta_i^2\right)$$

由式（6-33）进一步有

$$V(t)\leqslant\left(V(0)-\frac{\delta}{\mu}\right)\mathrm{e}^{-\mu t}+\frac{\delta}{\mu}\leqslant V(0)+\frac{\delta}{\mu} \tag{6-34}$$

由 $V(t)$ 的定义及式（6-34）可知，闭环系统内所有信号有界. 因为 $x_{i1}=z_{i1}$，则有 $|x_{i1}|<k_{b_{i1}}$，选择 $k_{b_{i1}}=M_{i1}$，使得 $|x_{i1}|<M_{i1}$. $\tilde{\theta}_i$ 是有界的，θ_i 是常数，所以 $\hat{\theta}_i$ 是有界的. 由于 $x_{i1},\hat{\theta}_i$ 是有界的，所以 α_{i1} 是有界的，即 $|\alpha_{i1}|\leqslant\bar{\alpha}_{i1}$，从 $z_{i2}=x_{i2}-\alpha_{i1}$ 和 $|z_{i2}|<k_{b_{i2}}$，$|x_{i2}|<k_{b_{i2}}+\bar{\alpha}_{i1}$，选择 $k_{b_{i2}}=M_{i2}-\bar{\alpha}_{i1}$，使得 $|x_2|<M_{i2}$，对于第 i 步也同样成立. 由 $|\alpha_{in-1}|\leqslant\bar{\alpha}_{in_i-1}$，从 $z_{in_i}=x_{in_i}-\alpha_{in_i-1}$，选择 $k_{b_{in_i}}=M_{in_i}-\bar{\alpha}_{in_i-1}$，使得 $|x_{in_i}|<M_{in_i}$. 因此，闭环系统内所有信号有界且满足全状态约束条件.

定理得证.

6.2.4 仿真结果

例 6.1 考虑如下互联时延系统：

$$\begin{cases}\dot{x}_{11}=(1+x_{11}^2)x_{12}+x_{21}x_{12}^3+x_{11}^2(t-\tau_1)x_{21}^2(t-\tau_2)\\ \dot{x}_{12}=(2+\cos(x_{11}x_{12}))u_{1f}+x_{11}^2(t-\tau_1)x_{21}(t-\tau_2)\\ y_1=x_{11}\\ \dot{x}_{21}=(2+\sin(x_{21}))x_{22}+0.5x_{11}x_{22}^2+x_{11}(t-\tau_1)x_{21}(t-\tau_2)\\ \dot{x}_{12}=(1+\mathrm{e}^{-x_{21}x_{22}})u_{2f}+x_{11}^2(t-\tau_1)\sin(x_2(t-\tau_2))\\ y_2=x_{21}\end{cases} \tag{6-35}$$

其中，$x_{11},x_{12},x_{21},x_{22}$ 表示系统状态，未知函数和互联项分别为

$$f_{11}(\boldsymbol{x})=x_{21}x_{12}^3,\ f_{21}(\boldsymbol{x})=0.5x_{11}x_{22}^3$$

$$H_{11}(\bar{y}_\tau)=x_{11}^2(t-\tau_1)x_{21}^2(t-\tau_2)$$

$$H_{12}(\bar{y}_\tau)=x_{11}^2(t-\tau_1)x_{21}(t-\tau_2)$$

$$H_{21}(\bar{y}_\tau)=x_{11}(t-\tau_1)x_{21}(t-\tau_2)$$

$$H_{22}(\bar{y}_\tau)=x_{11}^2(t-\tau_1)\sin(x_2(t-\tau_2))$$

状态约束满足 $|x_{11}|<0.5, |x_{12}|<1.5$，$|x_{21}|<0.2, |x_{22}|<1.8$，$k_{b_{11}}=0.5$，$k_{b_{21}}=0.2$，$k_{b_{12}}=0.5012$，$k_{b_{22}}=0.6095$，时延选择为 $\tau_1=\tau_2=0.3$．设计参数为 $c_{11}=c_{12}=5$，$c_{21}=c_{22}=5$，$\eta_{21}=\eta_{22}=3$，$\sigma_1=2$，$\sigma_2=4$，$\gamma_1=9$，$\gamma_2=9$．初值选择为 $x_{11}(0)=0.5$，$x_{12}(0)=0.3$，$x_{21}(0)=0.5$，$x_{22}(0)=0.1$，$\hat{\theta}_1(0)=0.2$，$\hat{\theta}_2(0)=0.5$．容错参数选择为 $\mu_1=0.4$，$\mu_2=0.5$，$\omega_1(t)=\mathrm{e}^{-t^2}$，$\omega_2(t)=\mathrm{e}^{-2t^2}$．隶属度函数选择为

$\mu_{F_{i,1}^l}(x_i)=\mathrm{e}^{\left[-\frac{(x_i-1+3l)^2}{4}\right]}$，$\mu_{F_{i,2}^l}(x_i)=\mathrm{e}^{\left[-\frac{(x_i-2+3l)^2}{4}\right]}$，$i=1,2$，$l=1,2,3,4,5$．

仿真结果如图 6.1~图 6.8 所示，显示了所提方法的有效性. 从图 6.1 和图 6.2 可以看到状态满足约束条件. 从图 6.3~图 6.6 可以看出，子系统的控制输入和容错输入信号是有界的. 从图 6.7 和图 6.8 可以看到，自适应参数估计 $\hat{\theta}_1, \hat{\theta}_2$ 是有界的.

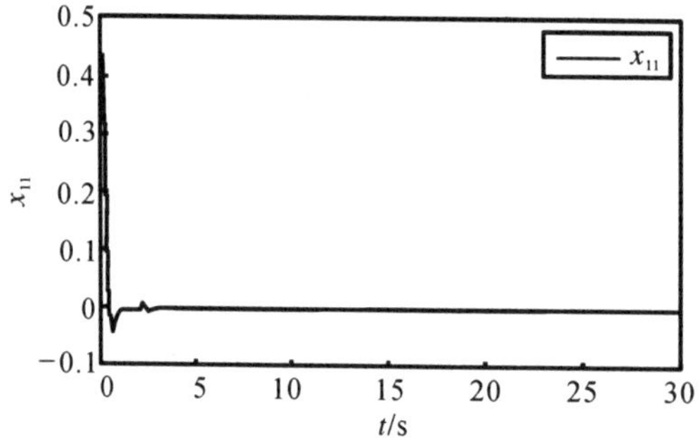

图 6.1　状态 x_{11} 曲线图

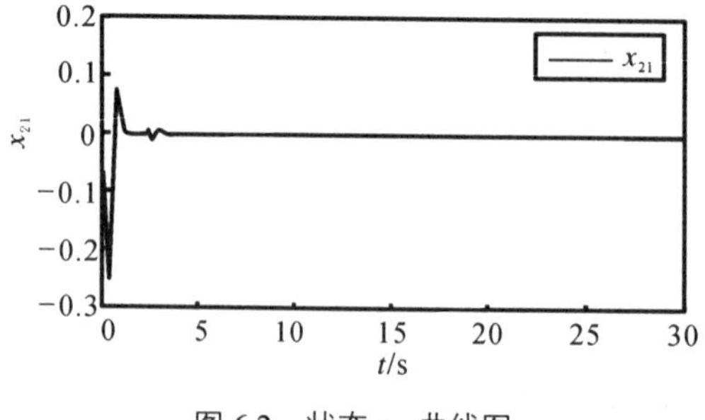

图 6.2　状态 x_{21} 曲线图

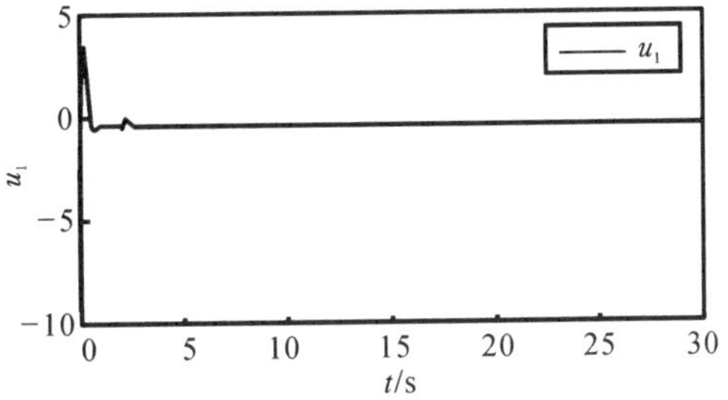

图 6.3　控制输入u_1曲线图

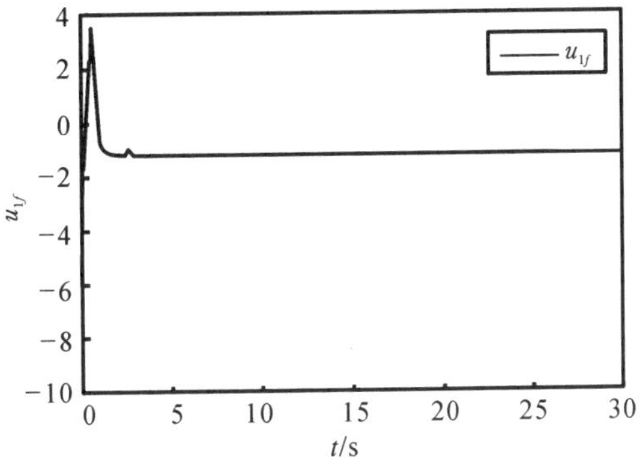

图 6.4　容错控制输入u_{1f}曲线图

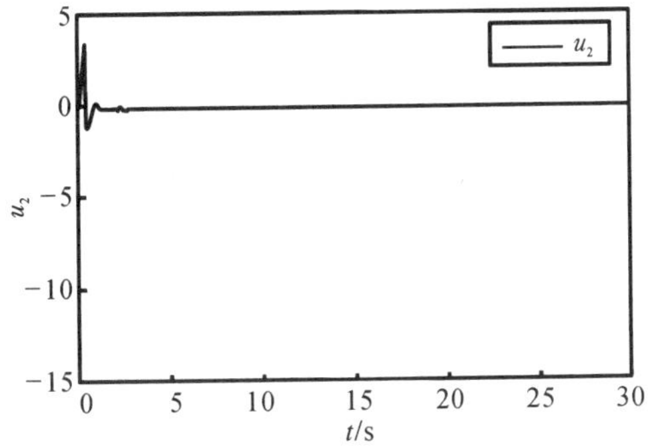

图 6.5　控制输入u_2曲线图

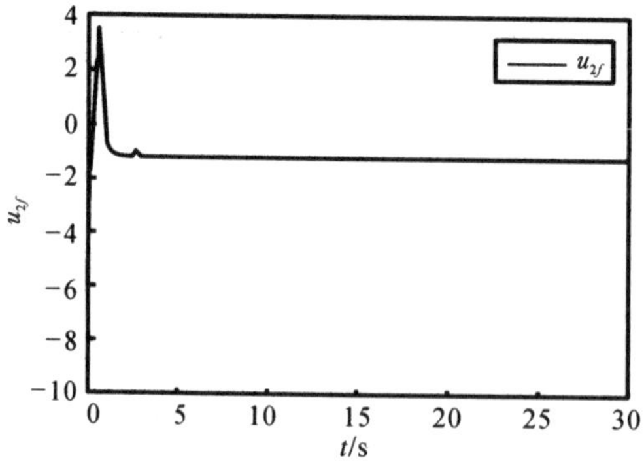

图 6.6 容错控制输入 u_{2f} 曲线图

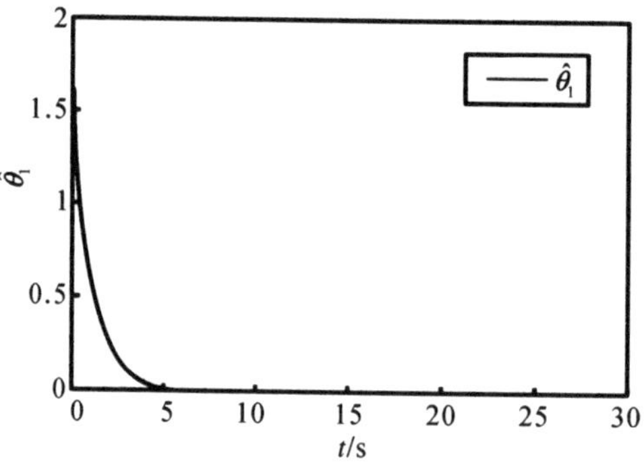

图 6.7 自适应参数 $\hat{\theta}_1$ 曲线图

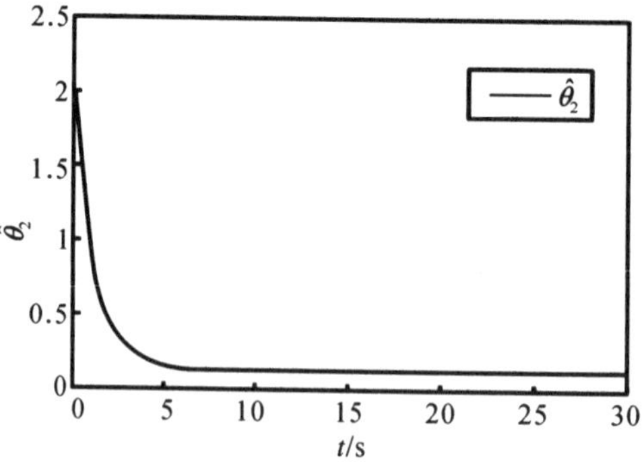

图 6.8 自适应参数 $\hat{\theta}_2$ 曲线图

6.3 对称时变全状态约束互联系统的模糊控制

本节讨论下列互联非三角结构系统的时变全状态约束自适应控制：

$$\begin{cases}\dot{x}_{ij}=g_{ij}(\overline{\boldsymbol{x}}_{ij})x_{ij+1}+f_{ij}(\boldsymbol{x})+H_{ij}(\overline{y}_{\tau}),1\leqslant j\leqslant n_i-1\\ x_{in_i}=g_{in_i}(\overline{\boldsymbol{x}}_{in_i})u_i+f_{in_i}(\boldsymbol{x})+H_{in_i}(\overline{y}_{\tau})\\ y_i=x_{i1}\end{cases}\tag{6-36}$$

其中，$\overline{\boldsymbol{x}}_{ij}=[x_{i1},x_{i2},\cdots,x_{ij}]^{\mathrm{T}},1<j\leqslant n_i,1<i\leqslant N$；$u_i$ 是控制输入；状态 $x_{ij}(t)$ 满足时变的约束条件 $|x_{ij}|<K_{cij}(t)$，$K_{cij}(t)$：$\mathbf{R}_+\to\mathbf{R}_+$ 是时变约束函数.

本节的控制目标是对时变全状态约束的互联非三角结构系统，设计一种分散的自适应控制器，使得系统稳定且满足全状态时变约束条件.

6.3.1 控制器设计

本节利用反步法给出控制器的设计过程. 第 i 个子系统的控制器设计如下：

第 1 步：定义误差 $z_{i1}=x_{i1},z_{i2}=x_{i2}-\alpha_{i1}$，则有

$$\dot{z}_{i1}=\dot{x}_{i1}=g_{i1}x_{i2}+f_{i1}(\boldsymbol{x})+H_{i1}(\overline{y}_{\tau})\tag{6-37}$$

选择如下障碍李雅普诺夫函数：

$$V_{i1}=\frac{1}{2}\log\frac{k_{b_{i1}}^2(t)}{(k_{b_{i1}}^2(t)-z_{i1}^2(t))}\tag{6-38}$$

为了书写方便，下面 $k_{b_{ij}}(t)$ 简记为 $k_{b_{ij}}$.

对 V_{i1} 求导，得

$$\dot{V}_{i1}=\frac{z_{i1}}{(k_{b_{i1}}^2-z_{i1}^2)}\left(g_{i1}z_{i2}+g_{i1}\alpha_{i1}+f_{i1}(\boldsymbol{x})+H_{i1}(\overline{y}_{\tau})-z_{i1}\frac{\dot{k}_{b_{i1}}}{k_{b_{i1}}}\right)\tag{6-39}$$

根据 Young's 不等式，有

$$\frac{z_{i1}}{(k_{b_{i1}}^2-z_{i1}^2)}H_{i1}(\overline{y}_{\tau})\leqslant\left(\frac{z_{i1}}{k_{b_{i1}}^2-z_{i1}^2}\right)^2\sum_{l=1}^{N}y_{\tau l}^2\overline{h}_{i1l}^2(y_{\tau l})+\frac{1}{4}\tag{6-40}$$

将式（6-40）代入式（6-39）中，得

$$\dot{V}_{i1} \leqslant \frac{z_{i1}}{(k_{b_{i1}}^2 - z_{i1}^2)} g_{i1} z_{i2} + \frac{z_{i1}}{(k_{b_{i1}}^2 - z_{i1}^2)} \left(g_{i1}\alpha_{i1} + f_{i1}(\boldsymbol{x}) + b_M z_{i1} - z_{i1}\frac{\dot{k}_{b_{i1}}}{k_{b_{i1}}} \right) +$$

$$\left(\frac{z_{i1}}{k_{b_{i1}}^2 - z_{i1}^2} \right)^2 \sum_{l=1}^{N} y_{\tau l}^2 \bar{h}_{i1l}^2 (y_{\tau l}) + \frac{1}{4} \tag{6-41}$$

第 j 步 $(2 \leqslant j \leqslant n_i - 1)$：定义误差 $z_{ij} = x_{ij} - \alpha_{ij-1}$，则有

$$\dot{z}_{ij} = \dot{x}_{ij} - \dot{\alpha}_{ij-1} = g_{ij} x_{ij+1} + f_{ij}(\boldsymbol{x}) + H_{ij}(\bar{y}_\tau) - \dot{\alpha}_{ij-1} \tag{6-42}$$

选择如下障碍李雅普诺夫函数：

$$V_{ij} = \frac{1}{2}\log\frac{k_{b_{ij}}^2}{(k_{b_{ij}}^2 - z_{ij}^2)} \tag{6-43}$$

对 V_{ij} 求导，得

$$\dot{V}_{ij} = \frac{z_{ij}}{(k_{b_{ij}}^2 - z_{ij}^2)} \left(g_{ij} z_{ij+1} + g_{ij}\alpha_{ij} + f_{ij}(\boldsymbol{x}) + H_{ij}(\bar{y}_\tau) - z_{ij}\frac{\dot{k}_{b_{ij}}}{k_{b_{ij}}} - \dot{\alpha}_{ij-1} \right) \tag{6-44}$$

根据 Young's 不等式，有

$$\frac{z_{ij}}{(k_{b_{ij}}^2 - z_{ij}^2)} H_{ij}(\bar{y}_\tau) \leqslant \left(\frac{z_{ij}}{k_{b_{ij}}^2 - z_{ij}^2} \right)^2 \sum_{l=1}^{N} y_{\tau l}^2 \bar{h}_{ijl}^2 (y_{\tau l}) + \frac{1}{4} \tag{6-45}$$

将式（6-45）代入式（6-44）中，得

$$\dot{V}_{ij} \leqslant \frac{z_{ij}}{(k_{b_{ij}}^2 - z_{ij}^2)} g_{ij} z_{ij+1} + \frac{z_{ij}}{(k_{b_{ij}}^2 - z_{ij}^2)} \left(g_{ij}\alpha_{ij} + f_{ij}(\boldsymbol{x}) + b_M z_{ij} - z_{ij}\frac{\dot{k}_{b_{ij}}}{k_{b_{ij}}} \right) +$$

$$\left(\frac{z_{ij}}{k_{b_{ij}}^2 - z_{ij}^2} \right)^2 \sum_{l=1}^{N} y_{\tau l}^2 \bar{h}_{ijl}^2 (y_{\tau l}) + \frac{1}{4} \tag{6-46}$$

第 n_i 步：由定义 $z_{in_i}=x_{in_i}-\alpha_{in_i-1}$，得 $\dot{z}_{in_i}=\dot{x}_{in_i}-\dot{\alpha}_{in_i-1}$.

选择如下障碍李雅普诺夫函数：

$$V_{in_i}=\frac{1}{2}\log\frac{k_{b_{in_i}}^2}{(k_{b_{in_i}}^2-z_{in_i}^2)}+\frac{1}{2\gamma_i}\tilde{\theta}_i^2 \tag{6-47}$$

对 V_{in_i} 求导，得

$$\dot{V}_{in_i}=\frac{z_{in_i}}{(k_{b_{in_i}}^2-z_{in_i}^2)}\left(g_{in_i}u_i+f_{ij}(\boldsymbol{x})+H_{ij}(\overline{y}_\tau)-\dot{\alpha}_{in_i-1}-z_{in_i}\frac{\dot{k}_{b_{in_i}}}{k_{b_{in_i}}}\right)+\frac{1}{\gamma_i}\tilde{\theta}_i\dot{\hat{\theta}}_i \tag{6-48}$$

根据 Young's 不等式，有

$$\frac{z_{in_i}}{(k_{b_{in_i}}^2-z_{in_i}^2)}H_{in_i}(\overline{y}_\tau)\leqslant\left(\frac{z_{in_i}}{k_{b_{in_i}}^2-z_{in_i}^2}\right)^2\sum_{l=1}^{N}y_{\tau l}^2\overline{h}_{in_il}^2(y_{\tau l})+\frac{1}{4} \tag{6-49}$$

将式（6-49）代入式（6-48）中，得

$$\dot{V}_{in_i}\leqslant\frac{z_{in_i}}{(k_{b_{in_i}}^2-z_{in_i}^2)}\left(g_{in_i}u_i+f_{in_i}(\boldsymbol{x})-\dot{\alpha}_{in_i-1}-z_{in_i}\frac{\dot{k}_{b_{in_i}}}{k_{b_{in_i}}}\right)+$$
$$\left(\frac{z_{in_i}}{k_{b_{in_i}}^2-z_{in_i}^2}\right)^2\sum_{l=1}^{N}y_{\tau l}^2\overline{h}_{in_il}^2(y_{\tau l})+\frac{1}{\gamma_i}\tilde{\theta}_i\dot{\hat{\theta}}_i+\frac{1}{4} \tag{6-50}$$

设计总的李雅普诺夫函数为

$$V=\sum_{i=1}^{N}\left[\sum_{j=1}^{n_i}\frac{1}{2}\log\frac{k_{b_{ij}}^2}{(k_{b_{ij}}^2-z_{ij}^2)}+\frac{1}{2\gamma_i}\tilde{\theta}_i^2\right]+V_W \tag{6-51}$$

其中，$V_W=\sum_{i=1}^{N}\sum_{j=1}^{n_i}\sum_{l=1}^{N}\mathrm{e}^{-\gamma(t-\tau_l)}\int_{t-\tau_l}^{t}\left(\frac{z_{i1}}{k_{b_{i1}}^2-z_{i1}^2}\right)^2\mathrm{e}^{\gamma s}y_l^2(s)\overline{h}_{ijl}^2(y_l(s))\mathrm{d}s$.

对V求导，则有

$$
\begin{aligned}
\dot{V} \leqslant & \sum_{i=1}^{N} \frac{z_{i1}}{(k_{b_{i1}}^2 - z_{i1}^2)} \left(g_{i1}\alpha_{i1} + g_{i1} z_{i2} + f_{i1}(\boldsymbol{x}) - z_{i1} \frac{\dot{k}_{b_{i1}}}{k_{b_{i1}}} \right) + \left(\frac{z_{i1}}{k_{b_{i1}}^2 - z_{i1}^2} \right)^2 \sum_{l=1}^{N} y_l^2 \mathrm{e}^{\gamma\tau_l} \bar{h}_{i1l}^2(y_l) + \\
& \sum_{i=1}^{N} \sum_{j=2}^{n_i - 1} \frac{z_{ij}}{(k_{b_{ij}}^2 - z_{ij}^2)} \left(g_{ij}\alpha_{ij} + g_{ij} z_{ij+1} + f_{ij}(\boldsymbol{x}) - \dot{\alpha}_{ij-1} - z_{ij} \frac{\dot{k}_{b_{ij}}}{k_{b_{ij}}} \right) + \left(\frac{z_{ij}}{k_{b_{ij}}^2 - z_{ij}^2} \right)^2 \sum_{l=1}^{N} y_l^2 \mathrm{e}^{\gamma\tau_l} \bar{h}_{ijl}^2(y_l) + \\
& \sum_{i=1}^{N} \frac{z_{in_i}}{(k_{b_{in_i}}^2 - z_{in_i}^2)} \left(g_{in_i} u_i - z_{in_i} \frac{\dot{k}_{b_{in_i}}}{k_{b_{in_i}}} + f_{in_i}(\boldsymbol{x}) - \dot{\alpha}_{in_i - 1} \right) + \left(\frac{z_{in_i}}{k_{b_{in_i}}^2 - z_{in_i}^2} \right)^2 \sum_{l=1}^{N} y_l^2 \mathrm{e}^{\gamma\tau_l} \bar{h}_{in_i l}^2(y_l) + \\
& \sum_{i=1}^{N} \frac{b_m}{\gamma_i} \tilde{\theta}_i \dot{\hat{\theta}}_i + \sum_{i=1}^{N} \sum_{j=2}^{n_i} \frac{1}{4} - \gamma V_W
\end{aligned} \tag{6-52}
$$

将式（6-52）写成下列形式：

$$
\begin{aligned}
\dot{V} \leqslant & -\gamma V_W + \sum_{i=1}^{N} \frac{z_{i1}}{(k_{b_{i1}}^2 - z_{i1}^2)} \left(g_{i1}\alpha_{i1} - z_{i1} \frac{\dot{k}_{b_{i1}}}{k_{b_{i1}}} + \bar{f}_{i1}(\boldsymbol{Z}_{i1}) \right) + \\
& \sum_{i=1}^{N} \sum_{j=2}^{n_i - 1} \frac{z_{ij}}{(k_{b_{ij}}^2 - z_{ij}^2)} \left(g_{ij}\alpha_{ij} - z_{ij} \frac{\dot{k}_{b_{ij}}}{k_{b_{ij}}} + \bar{f}_{ij}(\boldsymbol{Z}_{ij}) \right) + \\
& \sum_{i=1}^{N} \frac{z_{in_i}}{(k_{b_{in_i}}^2 - z_{in_i}^2)} \left(g_{in_i} u_i - z_{in_i} \frac{\dot{k}_{b_{in_i}}}{k_{b_{in_i}}} + \bar{f}_{in_i}(\boldsymbol{Z}_{in_i}) \right) + \\
& \sum_{i=1}^{N} \frac{b_m}{\gamma_i} \tilde{\theta}_i \dot{\hat{\theta}}_i + \sum_{i=1}^{N} \sum_{j=1}^{n_i} \frac{1}{4}
\end{aligned} \tag{6-53}
$$

其中，函数$\bar{f}_{ij}(\boldsymbol{Z}_{ij})$定义如下：

$$
\bar{f}_{i1}(\boldsymbol{Z}_{i1}) = f_{i1}(\boldsymbol{x}) + \frac{1}{2} \frac{z_{i1}}{(k_{b_{i1}}^2 - z_{i1}^2)} + \frac{z_{i1}}{(k_{b_{i1}}^2 - z_{i1}^2)} \sum_{l=1}^{N} \sum_{j=1}^{n_i} y_l^2 \mathrm{e}^{\gamma\tau_i} \bar{h}_{i1l}^2(y_i) \tag{6-54}
$$

$$
\begin{aligned}
\bar{f}_{ij}(\boldsymbol{Z}_{ij}) = & f_{ij}(\boldsymbol{x}) + \frac{1}{2} \frac{z_{ij}}{(k_{b_{ij}}^2 - z_{ij}^2)} + \frac{z_{ij}}{(k_{b_{ij}}^2 - z_{ij}^2)} \sum_{l=1}^{N} \sum_{j=1}^{n_i} y_l^2 \mathrm{e}^{\gamma\tau_i} \bar{h}_{ijl}^2(y_i) - \dot{\alpha}_{ij-1} + \\
& \frac{z_{ij-1}}{(k_{b_{ij-1}}^2 - z_{ij-1}^2)} g_{ij-1} (k_{b_{ij}}^2 - z_{ij}^2), \quad j = 2, \cdots, n_i - 1
\end{aligned} \tag{6-55}
$$

$$\bar{f}_{in_i}(\boldsymbol{Z}_{in_i})=f_{in_i}(\boldsymbol{x})+\frac{1}{2}\frac{z_{in_i}}{(k_{b_{in_i}}^2-z_{in_i}^2)}+\frac{z_{in_i}}{(k_{b_{in_i}}^2-z_{in_i}^2)}\sum_{l=1}^{N}\sum_{j=1}^{n_i}y_l^2\mathrm{e}^{\gamma\tau_i}\bar{h}_{in_il}^2(y_i)-\dot{\alpha}_{in_i-1}+$$

$$\frac{z_{in_i-1}}{(k_{b_{in_i-1}}^2-z_{in_i-1}^2)}g_{in_{i-1}}(k_{b_{in_i}}^2-z_{in_i}^2) \tag{6-56}$$

用模糊逻辑系统去逼近未知非线性函数 $\bar{f}_{ij}(\boldsymbol{Z}_{ij})$，有

$$\bar{f}_{ij}(\boldsymbol{Z}_{ij})=\Psi_{ij}^{*\mathrm{T}}\boldsymbol{\zeta}_{ij}^{\mathrm{T}}(\boldsymbol{x},Q_{ij})+\varepsilon_{ij}(\boldsymbol{x},Q_{ij}) \tag{6-57}$$

定义 $\theta_i=\max\left\{\frac{1}{b_m}\|\boldsymbol{\Psi}_{ij}\|^2, j=1,2,\cdots,n_i\right\}$，则有

$$\begin{aligned}\frac{z_{ij}}{(k_{b_{ij}}^2-z_{ij}^2)}\bar{f}_{ij}(\boldsymbol{Z}_{ij})&\leqslant\frac{z_{ij}^2b_m\theta_i\boldsymbol{\zeta}_{ij}^{\mathrm{T}}(\boldsymbol{x}_i,Q_{ij})\boldsymbol{\zeta}_{ij}(\boldsymbol{x}_i,Q_{ij})}{2\eta_{ij}^2(k_{b_{ij}}^2-z_{ij}^2)^2}+\frac{\eta_{ij}^2}{2}+\frac{z_{ij}^2}{2(k_{b_{ij}}^2-z_{ij}^2)^2}+\frac{(\varepsilon_{ij}^*)^2}{2}\\&\leqslant\frac{z_{ij}^2b_m\theta_i}{2\eta_{ij}^2(k_{b_{ij}}^2-z_{ij}^2)^2}+\frac{\eta_{ij}^2}{2}+\frac{z_{ij}^2}{2(k_{b_{ij}}^2-z_{ij}^2)^2}+\frac{(\varepsilon_{ij}^*)^2}{2}\\&\leqslant\frac{z_{ij}^2b_m\theta_i}{2\eta_{ij}^2(k_{b_{ij}}^2-z_{ij}^2)^2\bar{\boldsymbol{\zeta}}_{ij}^{\mathrm{T}}(\bar{\boldsymbol{x}}_{ij},Q_{ij})\bar{\boldsymbol{\zeta}}_{ij}(\bar{\boldsymbol{x}}_{ij},Q_{ij})}+\\&\quad\frac{\eta_{ij}^2}{2}+\frac{z_{ij}^2}{2(k_{b_{ij}}^2-z_{ij}^2)^2}+\frac{(\varepsilon_{ij}^*)^2}{2}\end{aligned} \tag{6-58}$$

其中，$\bar{\boldsymbol{\zeta}}_{ij}(\bar{\boldsymbol{x}}_{ij},Q_{ij})=\boldsymbol{\zeta}_{ij}(\bar{\boldsymbol{x}}_{ij},\boldsymbol{0},Q_{ij})$，$\boldsymbol{0}$ 是 $1\times\left(\sum_{i=1}^{N}n_i-j\right)$ 维的零向量，$\boldsymbol{\zeta}_{ij}$ 取高斯基函数满足条件 $0<\boldsymbol{\zeta}_{ij}^{\mathrm{T}}\boldsymbol{\zeta}_{ij}\leqslant 1$，$Q_{ij}=(\hat{\theta}_i,\dot{\hat{\theta}}_i)$；$\eta_{ij}$ 是正参数.

设计虚拟控制 α_{i1},α_{ij}，实际控制 u_i 和参数自适应率 $\dot{\hat{\theta}}_i$ 如下：

$$\alpha_{i1}=-(c_{i1}+k_{i1}(t))z_{i1}-\frac{z_{i1}\hat{\theta}_i}{2\eta_{i1}^2(k_{b_{i1}}^2-z_{i1}^2)\bar{\boldsymbol{\zeta}}_{i1}^{\mathrm{T}}(x_{i1},Q_{i1})\bar{\boldsymbol{\zeta}}_{i1}(x_{i1},Q_{i1})} \tag{6-59}$$

$$\alpha_{ij}=-(c_{ij}+k_{ij}(t))z_{ij}-\frac{z_{ij}\hat{\theta}_i}{2\eta_{ij}^2(k_{b_{ij}}^2-z_{ij}^2)\bar{\boldsymbol{\zeta}}_{ij}^{\mathrm{T}}(\bar{\boldsymbol{x}}_{ij},Q_{ij})\bar{\boldsymbol{\zeta}}_{ij}(\bar{\boldsymbol{x}}_{ij},Q_{ij})},j=2,\cdots,n_i-1 \tag{6-60}$$

$$u_i = -(c_{in_i} + k_{in_i}(t))z_{in_i} - \frac{z_{in_i}\hat{\theta}_i}{2\eta_{in_i}^2(k_{b_{in_i}}^2 - z_{in_i}^2)\bar{\zeta}_{in_i}^{\mathrm{T}}(\bar{x}_{in_i}, Q_{in_i})\bar{\zeta}_{in_i}(\bar{x}_{in_i}, Q_{in_i})} \tag{6-61}$$

$$\dot{\hat{\theta}}_i = \sum_{j=1}^{n_i} \frac{\gamma_i z_{ij}^2}{2\eta_{ij}^2(k_{b_{ij}}^2 - z_{ij}^2)^2\bar{\zeta}_{ij}^{\mathrm{T}}(\bar{x}_{ij}, Q_{ij})\bar{\zeta}_{ij}(\bar{x}_{ij}, Q_{ij})} - \sigma_i\hat{\theta}_i, i = 1, 2, \cdots, N \tag{6-62}$$

其中，$c_{i1}, c_{ij}, c_{in_i}, \sigma_i$ 为正的设计参数，$k_{ij}(t) = \sqrt{\left(\frac{\dot{k}_{b_{ij}}}{k_{b_{ij}}}\right)^2 + \iota}$，$\iota > 0$ 是常数.

将式（6-59）~式（6-62）代入式（6-53），得

$$\dot{V} \leqslant -\sum_{i=1}^{N}\left(\sum_{j=1}^{n_i} c_{ij}\frac{z_{ij}^2}{(k_{b_{ij}}^2 - z_{ij}^2)} + \frac{\sigma_i}{2\lambda_i}\tilde{\theta}_i^2\right) - \gamma V_W +$$

$$\sum_{i=1}^{N}\sum_{j=1}^{n_i}\left(\frac{1}{4} + \frac{(\varepsilon_{ij}^*)^2}{2} + \frac{\sigma_i}{2\lambda_i}(\theta_i)^2\right) \tag{6-63}$$

6.3.2 主要结论

定理 6.2 假设 6.1 和假设 6.2 均满足，则由关联非三角时延系统（6-1），虚拟控制器（6-59）和（6-60），实际控制器（6-61）和参数自适应律（6-62）组成的闭环系统，对任意有界初始条件，有

（1）闭环系统内的所有信号有界；

（2）每一个子系统的状态满足约束条件.

证明 （1）由式（6-63），得

$$\dot{V} \leqslant -\lambda V + \eta \tag{6-64}$$

其中，

$$\lambda = \min\{2c_{ij}b_m, \sigma_i, i = 1, 2, \cdots, N, j = 1, 2, \cdots, n_i\}$$

$$\eta = \sum_{i=1}^{N}\sum_{j=1}^{n_i}\left(\frac{1}{4} + \frac{(\varepsilon_{ij}^*)^2}{2} + \frac{\sigma_i b_m}{2\lambda_i}(\theta_i)^2\right)$$

由式（6-64）进一步有

$$V(t) \leqslant \left(V(0)-\frac{\eta}{\lambda}\right)\mathrm{e}^{-\lambda t}+\frac{\eta}{\lambda} \leqslant V(0)+\frac{\eta}{\lambda} \tag{6-65}$$

由$V(t)$的定义及式（6-65）可知，闭环系统内所有信号有界. 因为$x_{i1}=z_{i1}$，则有$|x_{i1}|<k_{b_{i1}}(t)$，选择$k_{b_{i1}}(t)=K_{ci1}(t)$，使得$|x_{i1}|<K_{ci1}(t)$. $\tilde{\theta}_i$是有界的，θ_i是常数，所以$\hat{\theta}_i$是有界的. 由于$x_{i1}, \hat{\theta}_i$是有界的，所以α_{i1}是有界的，即$|\alpha_{i1}| \leqslant \bar{\alpha}_{i1}$，从$z_{i2}=x_{i2}-\alpha_{i1}$，$|z_{i2}|<k_{b_{i2}}(t)$，$|x_{i2}|<k_{b_{i2}}(t)+\bar{\alpha}_{i1}$，选择$k_{b_{i2}}(t)=K_{ci2}(t)-\bar{\alpha}_{i1}$，使得$|x_2|<K_{ci2}(t)$，对于第$i$步也同样成立. 由$|\alpha_{in_i-1}| \leqslant \bar{\alpha}_{in_i-1}$和$z_{in_i}=x_{in_i}-\alpha_{in_i-1}$，有$|x_{in_i}|<k_{b_{in_i}}(t)+\bar{\alpha}_{in_i-1}$，选择$k_{b_{in_i}(t)}=K_{cin_i}(t)-\bar{\alpha}_{in_i-1}$. 因此，闭环系统内所有信号有界且满足全状态约束条件.

定理得证.

6.3.3 仿真结果

例 6.2 考虑如下互联时延系统：

$$\begin{cases} \dot{x}_{11}=(1+x_{11}^2)x_{12}+x_{21}x_{12}^2+x_{11}^2(t-\tau_1)x_{21}^2(t-\tau_2) \\ \dot{x}_{12}=(2+\cos(x_{11}x_{12}))u_1+x_{11}^2(t-\tau_1)x_{21}(t-\tau_2) \\ y_1=x_{11} \\ \dot{x}_{21}=(2+\sin(x_{21}))x_{22}+x_{11}x_{22}^3+x_{11}(t-\tau_1)x_{21}(t-\tau_2) \\ \dot{x}_{12}=(1+\mathrm{e}^{-x_{21}x_{22}^2})u_2+x_{11}^2(t-\tau_1)\sin(x_2(t-\tau_2)) \\ y_2=x_{21} \end{cases} \tag{6-66}$$

其中，$x_{11},x_{12},x_{21},x_{22}$表示系统状态，未知函数和互联项分别为

$$f_{11}(\boldsymbol{x})=x_{21}x_{12}^2, \quad f_{21}(\boldsymbol{x})=x_{11}x_{22}^3$$

$$H_{11}(\bar{y}_\tau)=x_{11}^2(t-\tau_1)x_{21}^2(t-\tau_2)$$

$$H_{12}(\bar{y}_\tau)=x_{11}^2(t-\tau_1)x_{21}(t-\tau_2)$$

$$H_{21}(\bar{y}_\tau)=x_{11}(t-\tau_1)x_{21}(t-\tau_2)$$

$$H_{22}(\bar{y}_\tau)=x_{11}^2(t-\tau_1)\sin(x_2(t-\tau_2))$$

状态约束满足

$$|x_{11}|<k_{c11}(t),\ k_{c11}(t)=0.6+0.1\sin t$$

$$|x_{12}|<k_{c12}(t),\ k_{c12}(t)=1.8+0.1\sin t$$

$$|x_{21}|<k_{c21}(t),\ k_{c21}(t)=0.5+0.1\sin t$$

$$|x_{22}|<k_{c22}(t),\ k_{c22}(t)=1.5+0.1\sin t$$

$$k_{b_{11}}(t)=k_{c11}(t)\ ,\ k_{b_{21}}(t)=k_{c21}(t)$$

$$k_{b_{12}}(t)=1.72+0.1\sin(t)\ ,\ k_{b_{22}}(t)=1.33+0.1\sin(t)$$

设计参数为 $c_{11}=c_{12}=3$，$c_{21}=c_{22}=5$，$\eta_{21}=\eta_{22}=3$，$\sigma_1=2$，$\sigma_2=4$，$\gamma_1=6$，$\gamma_2=6$，$\iota=0.5$，$\tau_1=\tau_2=0.2$.

初值为 $x_{11}(0)=0.5$，$x_{12}(0)=0.3$，$x_{21}(0)=0.5$，$x_{22}(0)=0.1$，$\hat{\theta}_1(0)=0.2$，$\hat{\theta}_2(0)=0.5$.

选择隶属度函数为 $\mu_{F_{i,1}^l}(x_i)=\mathrm{e}^{\left[-\frac{(x_i-2+3l)^2}{4}\right]}$，$\mu_{F_{i,2}^l}(x_i)=\mathrm{e}^{\left[-\frac{(x_i-3+3l)^2}{4}\right]}$，$i=1,2$，$l=1,2,3,4,5$.

仿真结果如图 6.9~图 6.16 所示，显示了所提方法的有效性. 从图 6.9~图 6.12 可以看到，状态满足约束. 从图 6.13~图 6.16 可以看出，子系统的控制输入和自适应参数信号是有界的. 参数的选择采用试错法，与文献[61]相比，本章考虑的系统更广泛.

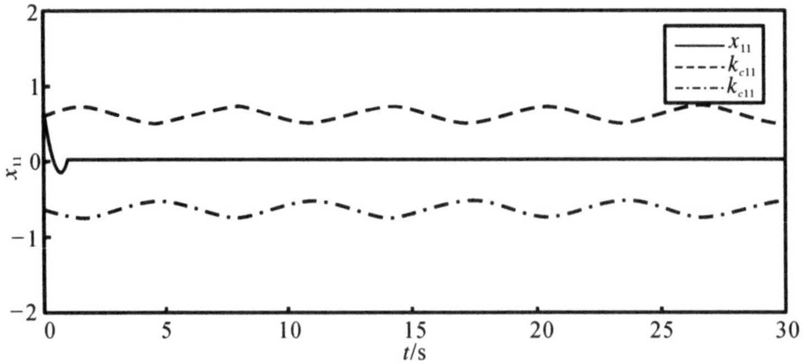

图 6.9　状态 x_{11} 及其约束曲线图

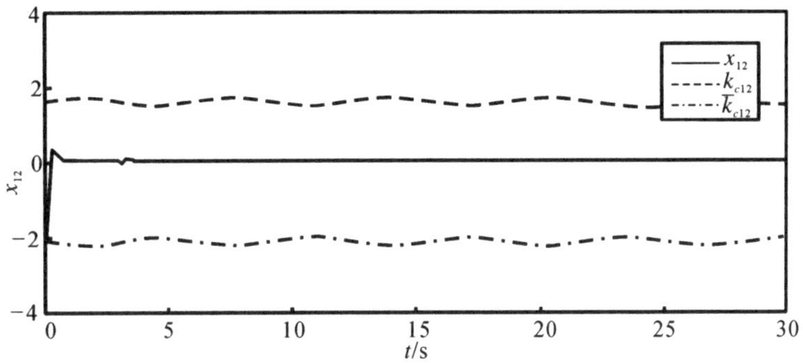

图 6.10　状态 x_{12} 及其约束曲线图

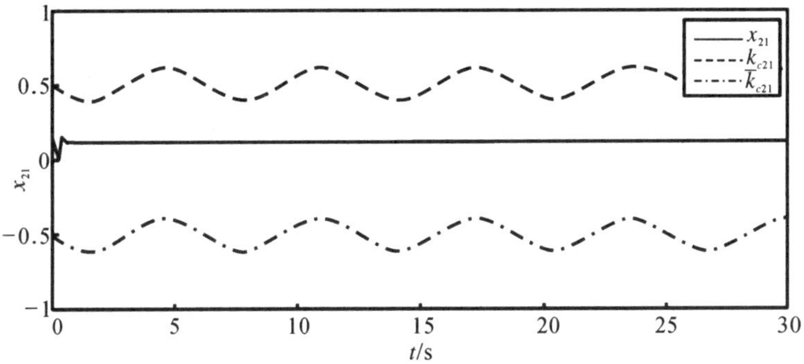

图 6.11　状态 x_{21} 及其约束曲线图

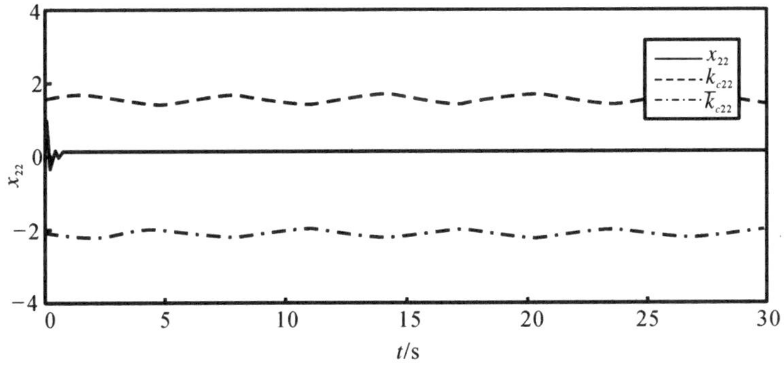

图 6.12　状态 x_{22} 及其约束曲线图

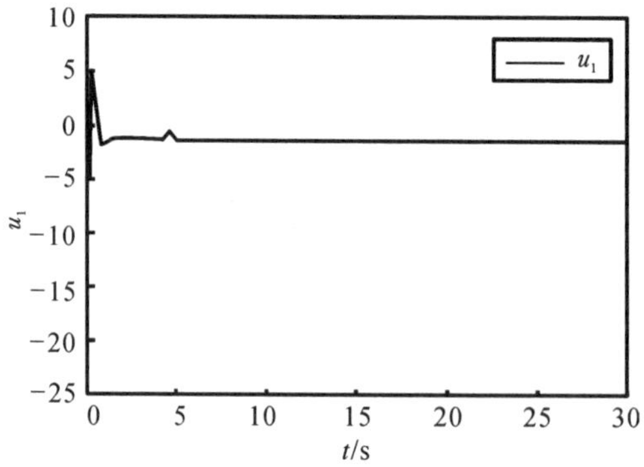

图 6.13　控制输入 u_1 曲线图

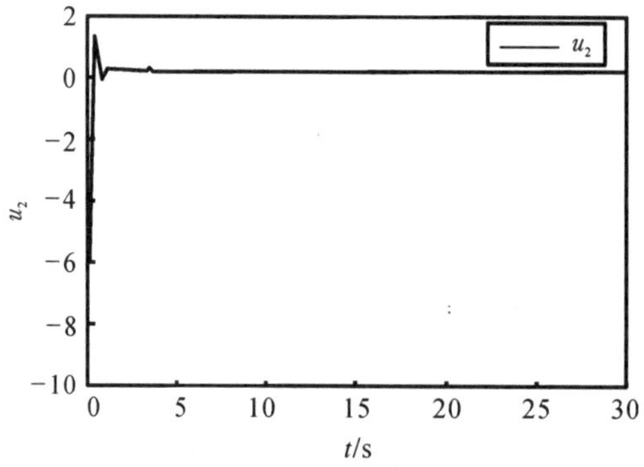

图 6.14　控制输入 u_2 曲线图

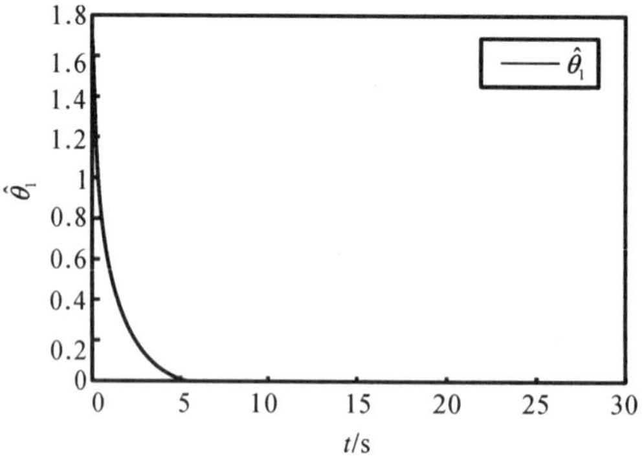

图 6.15　自适应参数 $\hat{\theta}_1$ 曲线图

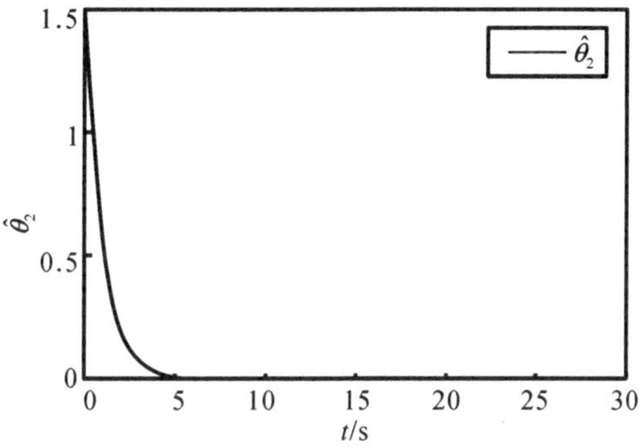

图 6.16 自适应参数 $\hat{\theta}_2$ 曲线图

6.4 本章小结

本章针对不确定非三角关联时延系统给出了两种全状态约束的自适应模糊控制器. 在控制器的设计中，采用占优方法来克服非三角系统结构困难，用静态 BLF 和时变 BLF 来处理全状态约束问题，采用 MLP 法来使单子系统的控制设计中只含一个在线调节参数，降低了在线计算负担. 通过设计障碍李雅普诺夫函数，结合 FLS 和 Backstepping 方法来克服出现的互联时延项和未知函数逼近问题，给出控制器设计方法，证明所有闭环信号都是有界的且满足全状态约束条件.

7

非三角系统的非对称时变全状态约束自适应控制

本章研究一类不确定非三角结构系统的非对称时变全状态约束控制问题，设计了针对非对称时变全状态约束的自适应模糊控制器. 在控制器设计中，采用模糊占优方法克服了非三角结构的闭环困难，采用 ABLF 来处理非对称时变全状态约束问题，结合 Backstepping 方法，最终设计出模糊自适应控制器. 证明了所有闭环信号都是有界的且满足全状态约束条件.

7.1 引 言

约束问题是近年来的研究热点之一. Ngo 和 Mahony[113]针对 Brunovsky 系统首次依据 BLF 的思想解决了部分状态约束的限制问题. 自此，近些年来，关于对约束问题的研究出现了很多研究方式和成果，如基于对数 BLF[113-115, 117, 119, 102, 103, 120-127]，基于正切 BLF[104-106,129]，基于积分 BLF[107-109]. Ngo 等[113]、Li 等[121]、Shi 等[124]研究了基于对数 BLF 严反馈系统的常值全状态约束问题. Liu 和 Tong[117]研究了纯反馈系统下的全状态常值约束问题. 当状态不可测时，Ren 等[115]、Liu 等[119]研究了基于对数 BLF 输出反馈的全状态常值约束问题. 对于基于时变对数 BLF，Bian 等[123]、Gao 等[125]针对纯反馈系统研究了基于神经网络逼近的全状态时变约束问题. 随着系统研究的进一步推广，关于非三角结构系统的约束研究出现了很多成果，如输出约束 BLF[124, 188-190]，全状态约束 BLF[191-194]. 随着约束问题研究的深入，如何设计时变约束的控制问题被提出，它相对常约束问题来讲要更宽泛也更有难度. 对于基于时变对数 BLF，针对非仿射纯反馈系统研究了基于神经网络逼近的全状态时变约束问题. 对于实际系统，Liu 等[126]研究了基于神经网络逼近下，主动悬挂系统的垂直位移和速度的状态约束问题，给出了控制器并与非约束相比，取得良好的控制效果. 基于正切 BLF，Chen 等[104]研究了针对不确定切换系统下的正切时变输出约束问题，设计的控制器使得所有信号满足半全局一致最终有界而且在任意切换下满足时变输出约束.

然而，上面提到的时变约束函数都是对称的，针对非对称约束的研究，Tee 和 Ge 等[102]针对非线性系统研究了两种情况，即对称的常值约束和非对称的常值约束问题，建立了常 ABLF，设计的控制器实现了控制目标. Tee 和 Ren 等[103]研究了对于严反馈系统的非对称时变输出约束的控制问题，通过一个跟踪误差变化的研究使得渐进输出跟踪成立且满足约束条件. 然而，上面的关于时变对称和非对称约束都是针对严反馈系统或纯反馈系统，目前关于非三角结构系统的时变约束研究成果并不多. 基于上面的讨论，本章将考虑一类不确定非三角结构系统的非对称时变全状态约束控制问题，设计自适应模糊控制器，保证所有闭环信号都是有界的且全状态约束条件满足.

7.2 非对称时变全状态约束控制

7.2.1 问题的提出

考虑如下非三角结构系统：

$$\begin{cases} \dot{x}_i = x_{i+1} + f_i(\boldsymbol{x}) + \varphi_i(\boldsymbol{x},t), 1 \leqslant i \leqslant n-1 \\ \dot{x}_n = u + f_n(\boldsymbol{x}) + \varphi_n(\boldsymbol{x},t) \\ y = x_1 \end{cases} \tag{7-1}$$

其中，$\boldsymbol{x} = [x_1, x_2, \cdots, x_n]^{\mathrm{T}} \in \mathbf{R}^n$ 表示系统状态；$u \in \mathbf{R}, y \in \mathbf{R}$ 分别表示系统输入和输出；$f_i(\cdot)$ 表示未知的光滑函数；$\varphi_i(\boldsymbol{x},t)$ 是系统的扰动.

时变全状态约束是使状态 $x_i(t)$ 满足

$$\underline{k}_{ci}(t) < x_i(t) < \overline{k}_{ci}(t) \tag{7-2}$$

其中，$\underline{k}_{ci}(t)$，$\overline{k}_{ci}(t)$：$\mathbf{R}^+ \to \mathbf{R}$ 是时变约束函数，满足 $\overline{k}_{ci}(t) > \underline{k}_{ci}(t)$ 且需满足

$\underline{k}_{ci}(t) < \alpha_{i-1} < \overline{k}_{ci}(t)$. α_{i-1} 是后面要设计的虚拟控制.

注 7.1 从系统（7-1）可以看到，未知函数 $f_i(\cdot)$ 和 $\varphi_{ii}(\cdot)$ 包含所有的状态变量，它是非三角结构系统，同时要求满足非对称时变状态约束条件，因此相对于文献[124-200]，此非三角结构系统更广泛.

注 7.2 本章研究时变非对称约束问题时，相比静态约束[224][225]和时变约束[190]，本章的约束方法更一般，它可看成本书约束方法的特殊情况. 非对称时变约束相对于静态约束和时变对称约束要复杂及困难，其中，主要的挑战在于中间约束函数的确定.

接下来引入本章需要的假设条件：

假设 7.1 存在正常数 $\underline{K}_i, \overline{K}_i, \underline{d}_{cij}, \overline{d}_{cij}$（$i,j=1,2,\cdots,n$），使得 $\overline{k}_{ci}(t) \leqslant \overline{K}_i$，$\underline{K}_i \leqslant \underline{k}_{ci}(t)$，且导数满足 $|\underline{k}_{ci}^{(j)}(t)| \leqslant \underline{d}_{cij}$，$|\overline{k}_{ci}^{(j)}(t)| \leqslant \overline{d}_{cij}$.

假设 7.2 存在函数 $\underline{Y}_0(t), \overline{Y}_0(t)$ 和正常数 Y_i（$i=1,\cdots,n$），满足 $\underline{Y}_0(t) > \underline{k}_{c1}(t)$ 和 $\overline{Y}_0(t) < \overline{k}_{c1}(t)$，使得跟踪轨线 $y_r(t)$ 满足 $\underline{Y}_0(t) < y_r(t) < \overline{Y}_0(t)$，且其导数满足 $|\dot{y}_r(t)| \leqslant Y_1$, $|y_r^{(i)}(t)| \leqslant Y_i$.

假设 7.3 设 $\varphi_i(\boldsymbol{x},t)$，$\varepsilon_i(\boldsymbol{x},Q_i)$ 分别是系统扰动和第 i 个模糊逻辑系统的逼近误差，满足

$$|\varphi_i(\boldsymbol{x},t) + \varepsilon_i(\boldsymbol{x},Q_i)| \leqslant l_i$$

其中，l_i 为未知正常数. 设 $l = \max\{l_i, i=1,2,\cdots,n\}$，$\hat{l}$ 是 l 的估计，$\tilde{l} = \hat{l} - l$ 是估计误差.

引理 7.1 对所有 $|\xi_i|<1$ 和偶数 p，有如下不等式成立：

$$\log\frac{1}{1-\xi_i^p} \leqslant \frac{\xi_i^p}{1-\xi_i^p}$$

证明 对于任意 $|\xi_i|<1$，有

$$\log\frac{1}{1-\xi_i^p} = \log\left(1+\frac{\xi_i^p}{1-\xi_i^p}\right) \leqslant \log\left[1+\frac{\xi_i^p}{1-\xi_i^p}+\sum_{n=2}^{\infty}\frac{\left(\dfrac{\xi_i^p}{1-\xi_i^p}\right)^n}{n!}\right]$$

$$= \log\left(\mathrm{e}^{\frac{\xi_i^p}{1-\xi_i^p}}\right) = \frac{\xi_i^p}{1-\xi_i^p}$$

引理 7.2[103] 设$Z:=\{\xi\in\mathbf{R}^n:|\xi_i|<1,i=1,2,\cdots,n\}\subset\mathbf{R}^n$和$N:=\mathbf{R}^l\times Z\subset\mathbf{R}^{n+l}$是开集，考虑系统$\dot{\eta}=h(t,\eta)$，状态$\eta:=[\omega,\xi]^{\mathrm{T}}\in N$，$h:\mathbf{R}^+\times N\to\mathbf{R}^{n+l}$，在$\mathbf{R}_+\times N$上关于$t$是分段连续的，关于$\eta$是局部 Lipchitize 的. 设$Z_i:=\{\xi_i\in\mathbf{R}:|\xi_i|<1\}\subset\mathbf{R}$，假设存在正定函数$U:\mathbf{R}^l\times\mathbf{R}^+\to\mathbf{R}^+$和$V_i:Z_i\to\mathbf{R}^+$，$i=1,2,\cdots,n$分别在$\mathbf{R}^l$和$Z_i$上是连续可微的，使得

$$V_i(\xi_i)\to\infty \text{ 当} |\xi_i|\to 1$$

$$\gamma_1(\|\varpi\|)\leqslant U(\varpi)\leqslant\gamma_2(\|\varpi\|)$$

其中，γ_1,γ_2为K_∞函数. 设$V(\eta):=\sum_{i=1}^{n}V_i(\xi_i)+U(\varpi)$和$\xi_i(0)\in Z$，如果有如下不等式成立：

$$\dot{V}=\frac{\partial V}{\partial\eta}h\leqslant-\gamma V+\rho$$

其中，$\gamma,\rho>0$是常数，则$\xi(t)\in Z$，$\forall t\in[0,\infty)$.

本章的控制目标是对系统（7-1），在约束条件（7-2）下，设计自适应控制器，使得系统输出尽可能跟踪到给定的轨线，闭环系统所有信号有界，且状态满足非对称时变约束条件.

7.2.2 自适应模糊控制器设计

接下来基于 Backstepping 技术，结合 ABLF 来设计自适应模糊控制器.

首先给出下列坐标变换：

$$z_1=x_1-y_r \tag{7-3}$$

$$z_i=x_i-\alpha_{i-1},\ i=2,\cdots,n \tag{7-4}$$

$$\xi_{ai}=\frac{z_i}{k_{ai}(t)},\xi_{bi}=\frac{z_i}{k_{bi}(t)},\xi_i=q(z_i)\xi_{bi}+(1-q(z_i))\xi_{ai} \tag{7-5}$$

函数$k_{a1}(t)$, $k_{b1}(t)$的定义如下：

$k_{a1}(t):=y_r(t)-\underline{k}_{c1}(t), k_{b1}(t):=\overline{k}_{c1}(t)-y_r(t)$，

其中，$k_{ai}(t), k_{bi}(t)$ 满足 $\underline{k}_{ai}\leqslant k_{ai}(t)\leqslant\overline{k}_{ai}$，$\underline{k}_{bi}\leqslant k_{bi}(t)\leqslant\overline{k}_{bi}$，$\underline{k}_{ai}, \overline{k}_{ai}$，$\underline{k}_{bi}, \overline{k}_{bi}$ 是正的常数.

记

$$q(z_i)=\begin{cases}1, & z_i>0\\ 0, & z_i\leqslant 0\end{cases}$$

第 1 步：从 z_1, z_2 的定义可以得到

$$\dot{z}_1=\dot{x}_1-\dot{y}_r=x_2+f_1(\boldsymbol{x})+\varphi_1(\boldsymbol{x},t)-\dot{y}_r \tag{7-6}$$

考虑如下障碍李雅普诺夫函数：

$$V_1=\frac{1-q(z_1)}{p}\log\left(\frac{k_{a1}^p(t)}{k_{a1}^p(t)-z_1^p}\right)+\frac{q(z_1)}{p}\log\left(\frac{k_{b1}^p(t)}{k_{b1}^p(t)-z_1^p}\right) \tag{7-7}$$

其中，p 是偶数，满足 $p\geqslant n$.

根据式（7-5），式（7-7）可以写成如下形式：

$$V_1=\frac{1}{p}\log\frac{1}{1-\xi_1^p} \tag{7-8}$$

其中，ξ_1 是式（7-5）中定义的，V_1 是正定且在集合 $|\xi_1|<1$ 中是连续可微的.

对式（7-8）求导，得

$$\dot{V}_1=\left[\frac{q(z_1)\xi_{b1}^{p-1}}{k_{b1}(1-\xi_{b1}^p)}+\frac{(1-q(z_1))\xi_{a1}^{p-1}}{k_{a1}(1-\xi_{a1}^p)}\right](z_2+\alpha_1+f_1(\boldsymbol{x})+\varphi_1(\boldsymbol{x},t)-\dot{y}_r+\beta_{11}) \tag{7-9}$$

其中，$\beta_{11}=(1-q(z_1))\dfrac{\dot{k}_{a1}(t)}{k_{a1}(t)}z_1+q(z_1)\dfrac{\dot{k}_{b1}(t)}{k_{b1}(t)}z_1$.

根据 Young's 不等式，有

$$m_1 z_2 \leqslant \frac{p-1}{p} m_1^{1+\frac{1}{p-1}} + \frac{z_2^p}{p} \tag{7-10}$$

其中，$m_1 = \left[\dfrac{q(z_1)\xi_{b1}^{p-1}}{k_{b1}(1-\xi_{b1}^p)} + \dfrac{(1-q(z_1))\xi_{a1}^{p-1}}{k_{a1}(1-\xi_{a1}^p)}\right]$.

将式（7-10）代入式（7-9）中，并用模糊逻辑系统 $\boldsymbol{\Phi}_1^{\mathrm{T}}\boldsymbol{S}_1(\boldsymbol{x},Q_1)$ 去逼近未知函数，即

$$\frac{p-1}{p} m_1^{\frac{1}{p-1}} + f_1(\boldsymbol{x}) - \dot{y}_r = \boldsymbol{\Phi}_1^{\mathrm{T}}\boldsymbol{S}_1(\boldsymbol{x},Q_1) + \varepsilon_1(\boldsymbol{x},Q_1) \tag{7-11}$$

其中，$Q_1 = [y_r, \dot{y}_r, k_{a1}, k_{b1}]$.

则式（7-9）可以写成

$$\dot{V}_1 \leqslant m_1(\alpha_1 + \boldsymbol{\Phi}_1^{\mathrm{T}}\boldsymbol{S}_1(\boldsymbol{x},Q_1) + \varepsilon_1(\boldsymbol{x},Q_1) + \beta_{11}) + m_1\varphi_1(\boldsymbol{x},t) + \frac{z_2^p}{p} \tag{7-12}$$

利用 Young's 不等式，得

$$\begin{aligned} m_1\boldsymbol{\Phi}_1^{\mathrm{T}}\boldsymbol{S}_1(x,Q_1) &\leqslant \frac{m_1^2\theta \boldsymbol{S}_1^{\mathrm{T}}(\boldsymbol{x},Q_1)\boldsymbol{S}_1(\boldsymbol{x},Q_1)}{2a_1^2} + \frac{a_1^2}{2} \\ &\leqslant \frac{m_1^2\theta}{2a_1^2} + \frac{a_1^2}{2} \\ &\leqslant \frac{m_1^2\theta}{2a_1^2\bar{\boldsymbol{S}}_1^{\mathrm{T}}(x_1,Q_1)\bar{\boldsymbol{S}}_1(x_1,Q_1)} + \frac{a_1^2}{2} \end{aligned} \tag{7-13}$$

由不等式 2.3 和假设 7.3，得

$$m_1(\varphi_1(\boldsymbol{x},t) + \varepsilon_1(\boldsymbol{x},Q_1)) \leqslant m_1 l \tanh\left(\frac{m_1}{\varsigma_1}\right) + 0.278\,5 l\varsigma_1 \tag{7-14}$$

其中，$\bar{\boldsymbol{S}}_1(x_1,Q_1) = \boldsymbol{S}_1(x_1,\boldsymbol{0},Q_1)$，$\boldsymbol{S}_1$ 取高斯基函数，满足条件 $0 < \boldsymbol{S}_1^{\mathrm{T}}\boldsymbol{S}_1 \leqslant 1$，$\boldsymbol{0}$ 是 $1\times(n-1)$ 维的零向量；$\theta = \max\{\|\boldsymbol{\Phi}_i\|^2, i=1,2,\cdots,n\}$，$\hat{\theta}$ 是 θ 的估计，估计误差定义

为 $\tilde{\theta}=\hat{\theta}-\theta$.

结合式（7-13）和式（7-14），式（7-12）可以写成下列形式：

$$\dot{V}_1 \leqslant m_1\left(\frac{m_1\hat{\theta}}{2a_1^2\bar{\boldsymbol{S}}_1^{\mathrm{T}}(x_1,Q_1)\bar{\boldsymbol{S}}_1(x_1,Q_1)}+\alpha_1+\beta_{11}+\hat{l}\tanh\left(\frac{m_1}{\varsigma_1}\right)\right)-$$

$$\frac{m_1^2\tilde{\theta}}{2a_1^2\bar{\boldsymbol{S}}_1^{\mathrm{T}}(x_1,Q_1)\bar{\boldsymbol{S}}_1(x_1,Q_1)}-m_1\tilde{l}\tanh\left(\frac{m_1}{\varsigma_1}\right)+\frac{z_2^p}{p}+0.278\,5l\varsigma_1 \quad (7\text{-}15)$$

设计虚拟控制器 α_1 如下：

$$\alpha_1=-(c_1+k_1(t))z_1-\frac{m_1\hat{\theta}}{2a_1^2\bar{\boldsymbol{S}}_1^{\mathrm{T}}(x_1,Q_1)\bar{\boldsymbol{S}}_1(x_1,Q_1)}-\hat{l}\tanh\left(\frac{m_1}{\varsigma_1}\right) \quad (7\text{-}16)$$

其中，$c_1>0$，$a_1>0$，$\varsigma_1>0$ 是参数，$k_1(t)=\sqrt{(1-q(z_1))\left(\frac{\dot{k}_{a1}}{k_{a1}}\right)^2+q(z_1)\left(\frac{\dot{k}_{b1}}{k_{b1}}\right)^2+\gamma}$，$\gamma>0$ 是参数.

将式（7-16）代入式（7-15）中，得

$$\dot{V}_1 \leqslant -c_1\frac{\xi_1^p}{1-\xi_1^p}-\frac{m_1^2\tilde{\theta}}{2a_1^2\bar{\boldsymbol{S}}_1^{\mathrm{T}}(x_1,Q_1)\bar{\boldsymbol{S}}_1(x_1,Q_1)}-m_1\tilde{l}\tanh\left(\frac{m_1}{\varsigma_1}\right)+$$

$$\frac{z_2^p}{p}+\frac{a_1^2}{2}+0.278\,5l_1\varsigma_1 \quad (7\text{-}17)$$

第 i 步 $(2\leqslant i\leqslant n-1)$：根据式（7-3）中 z_i 的定义，得

$$\dot{z}_i=\dot{x}_i-\dot{\alpha}_{i-1}=x_{i+1}+f_i(\boldsymbol{x})+\varphi_i(\boldsymbol{x},t)-\dot{\alpha}_{i-1} \quad (7\text{-}18)$$

选择时变非对称障碍李雅普诺夫函数如下：

$$V_i=\frac{1}{p}\log\frac{1}{1-\xi_i^p} \quad (7\text{-}19)$$

其中，ξ_i 是式（7-5）中定义的；V_i 是正定且连续可微的，在集合 $|\xi_i|<1$. p 是偶数，

满足 $p \geqslant n$.

函数 $k_{ai}(t)$, $k_{bi}(t)$ 定义为

$$k_{ai}(t) := \alpha_{i-1} - \underline{k}_{ci}(t),\ k_{bi}(t) := \overline{k}_{ci}(t) - \alpha_{i-1}$$

根据式（7-4）和式（7-17），可得 V_i 的导数为

$$\dot{V}_i = \left[\frac{q(z_i)\xi_{bi}^{p-1}}{k_{bi}(1-\xi_{bi}^{p})} + \frac{(1-q(z_i))\xi_{ai}^{p-1}}{k_{ai}(1-\xi_{ai}^{p})} \right] \cdot \left[z_{i+1} + \alpha_i + f_i(\boldsymbol{x}) + \varphi_i(\boldsymbol{x},t) - \dot{\alpha}_{i-1} + \left(\frac{1-q(z_i)}{k_{ai}(t)} z_i + \frac{q(z_i)}{k_{bi}(t)} z_i \right) \dot{\alpha}_{i-1} + \beta_{1i} \right] \tag{7-20}$$

根据 Young's 不等式，有

$$m_i z_{i+1} \leqslant \frac{p-1}{p} m_i^{1+\frac{1}{p-1}} + \frac{z_{i+1}^p}{p} \tag{7-21}$$

其中，$m_i = \dfrac{q(z_i)\xi_{bi}^{p-1}}{k_{bi}(1-\xi_{bi}^{p})} + \dfrac{(1-q(z_i))\xi_{ai}^{p-1}}{k_{ai}(1-\xi_{ai}^{p})}$.

将式（7-21）代入式（7-20）中，并用模糊逻辑系统 $\boldsymbol{\Phi}_i^{\mathrm{T}} \boldsymbol{S}_i(\boldsymbol{x},Q_i)$ 去逼近未知函数，得

$$\begin{aligned} &\frac{p-1}{p} m_i^{\frac{1}{p-1}} + \frac{z_i}{p\beta_{2i}} + f_i(x) - \dot{\alpha}_{i-1} + \left(\frac{1-q(z_i)}{k_{ai}(t)} z_i + \frac{q(z_i)}{k_{bi}(t)} z_i \right) \dot{\alpha}_{i-1} \\ &= \boldsymbol{\Phi}_i^{\mathrm{T}} \boldsymbol{S}_i(\boldsymbol{x},Q_i) + \varepsilon_i(\boldsymbol{x},Q_i) \end{aligned} \tag{7-22}$$

其中，

$$\dot{\alpha}_{i-1} = \sum_{j=1}^{i-1} \frac{\partial \alpha_{i-1}}{\partial x_j} \dot{x}_j + \sum_{j=0}^{i-1} \frac{\partial \alpha_{i-1}}{\partial y_r^{(j)}} y_r^{(j+1)} + \sum_{l=1}^{i-1} \sum_{j=0}^{i-1} \frac{\partial \alpha_{i-1}}{\partial k_{al}^{(j)}} k_{al}^{(j+1)} + \sum_{l=1}^{i-1} \sum_{j=0}^{i-1} \frac{\partial \alpha_{i-1}}{\partial k_{bl}^{(j)}} k_{bl}^{(j+1)} + \frac{\partial \alpha_{i-1}}{\alpha \hat{\theta}} \dot{\hat{\theta}} + \frac{\partial \alpha_{i-1}}{\partial \hat{l}} \dot{\hat{l}}$$

$$\beta_{2i} = \frac{1-q(z_i)}{k_{ai}^p(t) - z_i^p} + \frac{q(z_i)}{k_{bi}^p(t) - z_i^p}$$

$$Q_i=[y_r,\dot{y}_r,\cdots,y_r^{(i-1)},k_{a1},\cdots,k_{a1}^{(i-1)},\cdots,k_{ai},\cdots,k_{ai}^{(i-1)},k_{b1},\cdots,k_{b1}^{(i-1)},\cdots,k_{bi},\cdots,k_{bi}^{(i-1)},\hat{\theta},\hat{l}]$$

结合式（7-20）和式（7-21），则式（7-19）可以写成

$$\dot{V}_i\leqslant m_i(\alpha_i+\boldsymbol{\Phi}_i^{\mathrm{T}}\boldsymbol{S}_i(\boldsymbol{x},Q_i)+\varepsilon_i(\boldsymbol{x},Q_i)+\beta_{1i})+m_i\varphi_i(\boldsymbol{x},t)-\frac{z_i^p}{p}+\frac{z_{i+1}^p}{p} \tag{7-23}$$

其中，$\beta_{1i}=(1-q(z_i))\dfrac{\dot{k}_{ci}(t)}{k_{ai}(t)}z_i+q(z_i)\dfrac{\dot{\bar{k}}_{ci}(t)}{k_{bi}(t)}z_i$.

利用 Young's 不等式和假设 7.3，有

$$\begin{aligned}m_i\Phi_i^{\mathrm{T}}S_i(\boldsymbol{x},Q_i)&\leqslant\frac{m_i^2\theta\boldsymbol{S}_i^{\mathrm{T}}(\boldsymbol{x},Q_i)\boldsymbol{S}_i(\boldsymbol{x},Q_i)}{2a_i^2}+\frac{a_i^2}{2}\\&\leqslant\frac{m_i^2\theta}{2a_i^2}+\frac{a_i^2}{2}\\&\leqslant\frac{m_i^2\theta}{2a_i^2\bar{\boldsymbol{S}}_i^{\mathrm{T}}(\bar{\boldsymbol{x}}_i,Q_i)\bar{\boldsymbol{S}}_i(\bar{\boldsymbol{x}}_i,Q_i)}+\frac{a_i^2}{2}\end{aligned} \tag{7-24}$$

由不等式 2.3 和假设 7.3，得

$$m_i(\varphi_i(\boldsymbol{x},t)+\varepsilon_i(\boldsymbol{x},Q_i))\leqslant m_il\tanh\left(\frac{m_i}{\varsigma_i}\right)+0.278\,5l\varsigma_i \tag{7-25}$$

其中，$\bar{\boldsymbol{S}}_i(\bar{\boldsymbol{x}}_i,Q_i)=\boldsymbol{S}_i(\bar{\boldsymbol{x}}_i,\boldsymbol{0},Q_i)$，$\boldsymbol{S}_i$ 取高斯基函数，满足条件 $0<\boldsymbol{S}_i^{\mathrm{T}}\boldsymbol{S}_i\leqslant1$，$\boldsymbol{0}$ 是 $1\times(n-i)$ 维的零向量.

结合式（7-23）和式（7-24），则式（7-22）可以写成下列形式：

$$\dot{V}_i\leqslant m_i\left(\frac{m_i\hat{\theta}}{2a_i^2\bar{\boldsymbol{S}}_i^{\mathrm{T}}(\bar{\boldsymbol{x}}_i,Q_i)\bar{\boldsymbol{S}}_i(\bar{\boldsymbol{x}}_i,Q_i)}+\alpha_i+\beta_{1i}+\hat{l}\tanh\left(\frac{m_i}{\varsigma_i}\right)\right)-\frac{m_i^2\tilde{\theta}}{2a_i^2\bar{\boldsymbol{S}}_i^{\mathrm{T}}(\bar{\boldsymbol{x}}_i,Q_i)\bar{\boldsymbol{S}}_i(\bar{\boldsymbol{x}}_i,Q_i)}-m_i\tilde{l}\tanh\left(\frac{m_i}{\varsigma_i}\right)-\frac{z_i^p}{p}+\frac{z_{i+1}^p}{p}+\frac{a_i^2}{2}+0.278\,5l\varsigma_i \tag{7-26}$$

设计虚拟控制器 α_i 如下：

$$\alpha_i = -(c_i + k_i(t))z_i - \frac{m_i\hat{\theta}}{2a_i^2\bar{\boldsymbol{S}}_i^{\mathrm{T}}(\bar{\boldsymbol{x}}_i,Q_i)\bar{\boldsymbol{S}}_i(\bar{\boldsymbol{x}}_i,Q_i)} - \hat{l}\tanh\left(\frac{m_i}{\varsigma_i}\right) \tag{7-27}$$

其中，$c_i > 0,\ a_i > 0,\ \varsigma_i > 0$ 为设计参数；$k_i(t) = \sqrt{(1-q(z_i))\left(\frac{\dot{\underline{k}}_{ci}}{k_{ai}}\right)^2 + q(z_i)\left(\frac{\dot{\bar{k}}_{ci}}{k_{b1}}\right)^2 + \gamma}$.

将虚拟控制器 α_i 代入式（7-25）中，得

$$\dot{V}_i \leqslant -c_i\frac{\xi_i^p}{1-\xi_i^p} - \frac{m_i^2\tilde{\theta}}{2a_i^2\bar{\boldsymbol{S}}_i^{\mathrm{T}}(\bar{\boldsymbol{x}}_i,Q_i)\bar{\boldsymbol{S}}_i(\bar{\boldsymbol{x}}_i,Q_i)} - m_i\tilde{l}\tanh\left(\frac{m_i}{\varsigma_i}\right) - \frac{z_i^p}{p} + \frac{z_{i+1}^p}{p} + \frac{a_i^2}{2} + 0.278\,5l\varsigma_i \tag{7-28}$$

第 n 步：由定义的误差，得

$$\dot{z}_n = \dot{x}_n - \dot{\alpha}_{n-1} = u + f_n(\boldsymbol{x}) + \varphi_n(\boldsymbol{x},t) - \dot{\alpha}_{n-1}$$

选择时变非对称障碍李雅普诺夫函数如下：

$$V_n = \frac{1}{p}\log\frac{1}{1-\xi_n^p} \tag{7-29}$$

其中，ξ_n 是式（7-5）中定义的；V_n 是正定且连续可微的，在集合 $|\xi_n|<1$. p 是偶数，满足 $p \geqslant n$.

函数 $k_{an}(t),\ k_{bn}(t)$ 定义为

$$k_{an}(t) := \alpha_{n-1} - \underline{k}_{cn}(t),\ k_{bn}(t) := \bar{k}_{cn}(t) - \alpha_{n-1}$$

根据式（7-5）和式（7-29），得

$$\dot{V}_n = \left[\frac{q(z_n)\xi_{bn}^{p-1}}{k_{bn}(1-\xi_{bn}^p)} + \frac{(1-q(z_n))\xi_{an}^{p-1}}{k_{an}(1-\xi_{an}^p)}\right]\cdot \left[u + f_n(\boldsymbol{x}) + \varphi_n(\boldsymbol{x},t) - \dot{\alpha}_{n-1} + \left(\frac{1-q(z_n)}{k_{an}(t)}z_n + \frac{q(z_n)}{k_{bn}(t)}z_n\right)\dot{\alpha}_{n-1} + \beta_{1n}\right] \tag{7-30}$$

其中，$\beta_{1n} = (1-q(z_n))\frac{\dot{\underline{k}}_{cn}(t)}{k_{an}(t)}z_n + q(z_n)\frac{\dot{\bar{k}}_{cn}(t)}{k_{bn}(t)}z_n$.

设计实际控制器u和参数$\hat{\theta},\hat{l}$的自适应律如下：

$$u=-(c_n+k_n(t))z_n-\frac{m_n\hat{\theta}}{2a_n^2\bar{\boldsymbol{S}}_n^{\mathrm{T}}(\boldsymbol{x},Q_n)\bar{\boldsymbol{S}}_n(\boldsymbol{x},Q_n)}-\hat{l}\tanh\left(\frac{m_n}{\varsigma_n}\right) \tag{7-31}$$

$$\dot{\hat{\theta}}=\sum_{i=1}^{n}\frac{\gamma_1 m_i^2}{2a_i^2\boldsymbol{S}_i^{\mathrm{T}}(\bar{\boldsymbol{x}}_i,Q_i)\boldsymbol{S}_i(\bar{\boldsymbol{x}}_i,Q_i)}-\sigma_1\hat{\theta} \tag{7-32}$$

$$\dot{\hat{l}}=\sum_{i=1}^{n}\gamma_2 m_i\tanh\left(\frac{m_i}{\varsigma_i}\right)-\sigma_2\hat{l} \tag{7-33}$$

其中，$c_n>0,\ a_n>0,\ \sigma_1>0,\ \sigma_2>0,\ \varsigma_n>0$是设计参数；$\bar{\boldsymbol{S}}_n(\boldsymbol{x},Q_n)=\boldsymbol{S}_n(\boldsymbol{x},Q_n)$，$\boldsymbol{S}_n$取高斯基函数，满足条件$0<\boldsymbol{S}_n^{\mathrm{T}}\boldsymbol{S}_n\leqslant 1$．则有

$$m_n=\frac{q(z_n)\xi_{bn}^{p-1}}{k_{bn}(1-\xi_{bn}^p)}+\frac{(1-q(z_n))\xi_{an}^{p-1}}{k_{an}(1-\xi_{an}^p)}$$

$$k_n(t)=\sqrt{(1-q(z_n))\left(\frac{\dot{k}_{cn}}{k_{an}}\right)^2+q(z_n)\left(\frac{\dot{k}_{cn}}{k_{bn}}\right)^2+\gamma}$$

将未知非线性函数用模糊逻辑系统$\boldsymbol{\Phi}_n^{\mathrm{T}}\boldsymbol{S}_n(\boldsymbol{x},Q_n)$来逼近，即

$$\begin{aligned}&f_n(\boldsymbol{x})-\dot{\alpha}_{n-1}+\frac{z_n}{p\beta_{2n}}+\left(\frac{1-q(z_n)}{k_{an}(t)}z_n+\frac{q(z_n)}{k_{bn}(t)}z_n\right)\dot{\alpha}_{n-1}\\&=\boldsymbol{\Phi}_n^{\mathrm{T}}\boldsymbol{S}_n(\boldsymbol{x},Q_n)+\varepsilon_n(\boldsymbol{x},Q_n)\end{aligned} \tag{7-34}$$

其中，$\beta_{2n}=\dfrac{1-q(z_n)}{k_{an}^p(t)-z_n^p}+\dfrac{q(z_n)}{k_{bn}^p(t)-z_n^p}$．

利用 Young's 不等式，则有如下不等式成立：

$$\begin{aligned}m_n\boldsymbol{\Phi}_n^{\mathrm{T}}\boldsymbol{S}_n(\boldsymbol{x},Q_n)&\leqslant\frac{m_n^2\theta\boldsymbol{S}_n^{\mathrm{T}}(\boldsymbol{x},Q_n)\boldsymbol{S}_n(\boldsymbol{x},Q_n)}{2a_n^2}+\frac{a_n^2}{2}\\&\leqslant\frac{m_n^2\theta}{2a_n^2}+\frac{a_n^2}{2}\\&\leqslant\frac{m_n^2\theta}{2a_n^2\bar{\boldsymbol{S}}_n^{\mathrm{T}}(\boldsymbol{x},Q_n)\bar{\boldsymbol{S}}_n(\boldsymbol{x},Q_n)}+\frac{a_n^2}{2}\end{aligned} \tag{7-35}$$

由不等式 2.3 和假设 7.3，得

$$m_n(\varphi_n(\boldsymbol{x},t)+\varepsilon_n(\boldsymbol{x},Q_n))\leqslant m_n l\tanh\left(\frac{m_n}{\varsigma_n}\right)+0.278\,5l\varsigma_n \tag{7-36}$$

将式（7-31）、式（7-35）和式（7-36）代入式（7-30），得

$$\dot{V}_n\leqslant -c_n\frac{\xi_n^p}{1-\xi_n^p}-\frac{m_n^2\tilde{\theta}}{2a_n^2\bar{\boldsymbol{S}}_n^{\mathrm{T}}(\boldsymbol{x},Q_n)\bar{\boldsymbol{S}}_n(\boldsymbol{x},Q_n)}-m_n\tilde{l}\tanh\left(\frac{m_n}{\varsigma_n}\right)-\frac{z_n^p}{p}+\frac{a_n^2}{2}+0.278\,5l\varsigma_n \tag{7-37}$$

选择如下障碍李雅普诺夫函数：

$$V=\sum_{i=1}^{n}V_i+\frac{1}{2\gamma_1}\tilde{\theta}^2+\frac{1}{2\gamma_2}\tilde{l}^2 \tag{7-38}$$

结合式（7-17）、式（7-27）和式（7-37），得

$$\dot{V}\leqslant -\sum_{i=1}^{n}c_i\frac{\xi_i^p}{1-\xi_i^p}-\sum_{i=1}^{n}\frac{m_i^2\tilde{\theta}}{2a_i^2\bar{\boldsymbol{S}}_i^{\mathrm{T}}(\bar{\boldsymbol{x}}_i,Q_i)\bar{\boldsymbol{S}}_i(\bar{\boldsymbol{x}}_i,Q_i)}-\sum_{i=1}^{n}m_i\tilde{l}\tanh\left(\frac{m_i}{\varsigma_i}\right)+\frac{1}{\gamma_1}\tilde{\theta}\dot{\hat{\theta}}+\frac{1}{\gamma_2}\tilde{l}\dot{\hat{l}}+\sum_{i=1}^{n}\frac{a_i^2}{2}+0.278\,5l\varsigma_i \tag{7-39}$$

将式（7-32）和式（7-33）代入式（7-39），得

$$\dot{V}\leqslant\sum_{i=1}^{n}-c_i\frac{\xi_i^p}{1-\xi_i^p}-\frac{\sigma_1\tilde{\theta}\hat{\theta}}{\gamma_1}-\frac{\sigma_2\tilde{l}\hat{l}}{\gamma_2}+\sum_{i=1}^{n}\Delta_i \tag{7-40}$$

7.2.3 主要结论

定理 7.1 假设 7.1 至假设 7.3 均满足，则由系统（7-1），虚拟控制器（7-16）和（7-27），实际控制器（7-31），参数自适应律（7-32）和（7-33）组成的闭环系统，对任意有界初始条件 $z(0)\in\Omega_z$，有

（1）误差信号（7-3）和（7-4）是有界的；

（2）全状态约束（7-2）成立；

（3）闭环系统内的所有信号有界.

证明　（1）首先证明 $z_i(t)$ 是有界的.

利用不等式

$$-\frac{\sigma_1\tilde{\theta}\hat{\theta}}{\gamma_1}\leqslant-\frac{\sigma_1\tilde{\theta}^2}{2\gamma_1}+\frac{\sigma_1\theta^2}{2\gamma_1} \tag{7-41}$$

$$-\frac{\sigma_2\tilde{l}\hat{l}}{\gamma_2}\leqslant-\frac{\sigma_2\tilde{l}^2}{2\gamma_2}+\frac{\sigma_2 l^2}{2\gamma_2} \tag{7-42}$$

则式（7-40）可以写成下列形式：

$$\dot{V}\leqslant\sum_{i=1}^{n}-c_i\frac{\xi_i^p}{1-\xi_i^p}-\frac{\sigma_1\tilde{\theta}^2}{2\gamma_1}-\frac{\sigma_2\tilde{l}^2}{2\gamma_2}+C \tag{7-43}$$

其中，$C=\sum_{i=1}^{n}\frac{a_i^2}{2}+0.2785l\varsigma_i+\frac{\sigma_1\theta^2}{2\gamma_1}+\frac{\sigma_2 l^2}{2\gamma_2}$.

取 $\rho=\min\{pc_i,\sigma_1,\sigma_2,i=1,\cdots,n\}$，得

$$\dot{V}\leqslant-\rho V+C \tag{7-44}$$

由于 $z(0)\in\Omega_z$，从引理 7.1 可以得到 $z(t)\in\Omega_z,\forall t>0$，对式（7-42）两边乘以 $\mathrm{e}^{\rho t}$ 积分可得

$$\frac{1}{p}\log\left(\frac{1}{1-\xi_i^p}\right)\leqslant\left(V(0)-\frac{C}{\rho}\right)\mathrm{e}^{-\rho t}+\frac{C}{\rho} \tag{7-45}$$

然后 $\xi_i^p\leqslant1-\mathrm{e}^{-p\left[\left(V(0)-\frac{C}{\rho}\right)\mathrm{e}^{-\rho t}+\frac{C}{\rho}\right]}$，由式（7-5）得当 $t\to\infty$，有 $-\underline{D}_{z_i}\leqslant z_i(t)\leqslant\bar{D}_{z_i}$ 成立.
其中，

$$\underline{D}_{z_i}=\bar{k}_{ai}\left(1-\mathrm{e}^{-\frac{pc}{\rho}}\right)^{\frac{1}{p}},\quad \bar{D}_{z_i}=\bar{k}_{bi}\left(1-\mathrm{e}^{-\frac{pc}{\rho}}\right)^{\frac{1}{p}}$$

（2）由于 $x_1=z_1+y_r$，$z_1\in\Omega_z$ 和 $|\xi_1(t)|<1$，可以得到 $-k_{a1}(t)<z_1(t)<k_{b1}(t)$，则有 $\underline{k}_{c1}(t)<x_1(t)<\bar{k}_{c1}(t)$，其中 $k_{a1}(t)=y_r-\underline{k}_{c1}(t)$，$k_{b1}(t)=\bar{k}_{c1}(t)-y_r$，仿照第一步，可得 $-k_{ai}(t)<z_i(t)<k_{bi}(t)$，因为 $x_i=z_i+\alpha_{i-1}$，所以可以得 $\underline{k}_{ci}(t)<x_i(t)<\bar{k}_{ci}(t)$. 其中，

$k_{ai}(t)=\alpha_{i-1}-\underline{k}_{ci}(t)$，$k_{bi}(t)=\overline{k}_{ci}(t)-\alpha_{i-1}(t), i=2,\cdots,n$．因此，可以得到全状态约束满足．

（3）由于误差信号 $z_i(t)$ 和状态信号 $x_i(t)$ 是有界的，所以 α_1 是有界的，同样可得 $\alpha_i(i=2,\cdots,n-1)$ 是有界的，也可以得到 u 是有界的．

定理得证．

注 **7.3** 系统参数对系统性能有重要的影响，对式（7-32）和式（7-33）而言，自适应参数初始值 $\hat{\theta}(0)$, $\hat{l}(0)$ 取小的正值，γ_1，γ_2 取小的正值，结合适当的参数 σ_1，σ_2，使得 $\hat{\theta}$, $\hat{l}$ 是小的正值．对式（7-16）、式（7-27）和式（7-31），参数 c_1，c_i, $c_n(i=1,2,\cdots,n-1)$ 和 γ 取小的正常数，参数 ζ_1，ζ_i, $\zeta_n(i=1,2,\cdots,n-1)$ 选择尽可能小的正值，再结合合适的正常数 a_1, a_i, $a_n(i=1,2,\cdots,n-1)$，使得 $\underline{k}_{ci}(t)<\alpha_{i-1}<\overline{k}_{ci}(t)$ 成立且跟踪误差小满足．

7.2.4 仿真结果

在本节中，通过两个例子来验证本章所提方法的有效性．

例 7.1 考虑如下非三角结构系统：

$$\begin{cases}\dot{x}_1=x_2+x_1x_2^2+0.05\sin(2t)\\ \dot{x}_2=u+x_1x_2+0.2\cos(x_1x_2)\cos(t)\\ y=x_1\end{cases}\tag{7-46}$$

其中，$\varphi_1(t)=0.05\sin(2t)$，$\varphi_2(t)=0.2\cos(x_1x_2)\cos(t)$．

选取非对称时变约束函数为

$$\underline{k}_{c1}(t)=-0.8+0.1\sin(t)\text{，}\quad \overline{k}_{c1}(t)=0.8+0.1\sin(t)$$

$$\underline{k}_{c2}(t)=-0.5+\cos(t)\text{，}\quad \overline{k}_{c2}(t)=1.5+1.3\cos(t)$$

参考轨线选择为 $y_r=0.5\sin(t)+0.1\sin(0.5t)$．

自适应参数和初始值选择为 $c_1=8$，$c_2=8$，$a_1=a_2=1$，$\sigma_1=\sigma_2=3$，$\gamma_1=\gamma_2=0.2$，$\varsigma_1=\varsigma_2=0.5$，$x_1(0)=0.3$，$x_2(0)=0.1$，$\hat{\theta}(0)=0.1$ 和 $\hat{l}(0)=0.5$．

隶属度函数是 $\mu_{F_i^l}(x_i)=\mathrm{e}^{\left[-\frac{(x_i-9+3l)^2}{4}\right]}$，$l=1,2,3,4,5$．

仿真结果如图 7.1~图 7.6 所示，显示了所提方法的有效性. 从图 7.1 可以看到，状态跟踪效果良好. 从图 7.2 和图 7.3 可以看出，状态满足约束条件. 从图 7.4 可以看出，实际输入 u 是有界的. 从图 7.5 和图 7.6 可以看到，自适应参数 $\hat{\theta}$, $\hat{l}$ 是有界的.

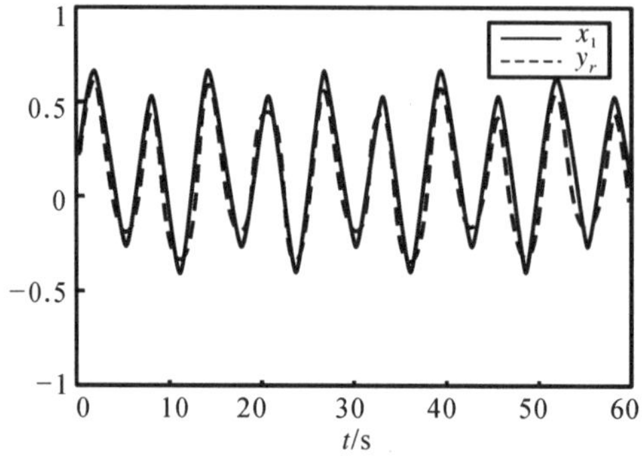

图 7.1　x_1(solid line) 和 y_r(dashed line)

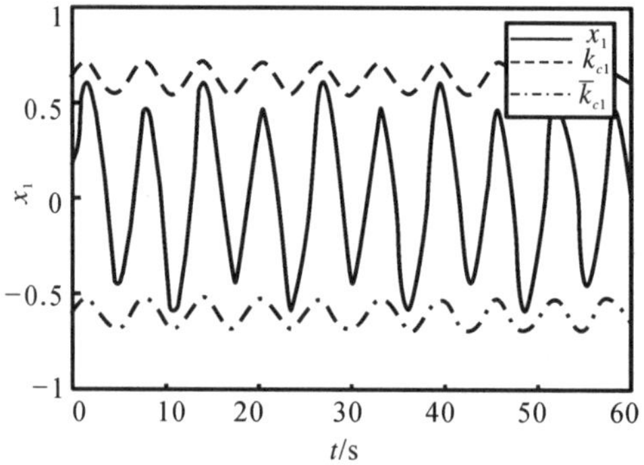

图 7.2　状态 x_1 及其约束曲线图

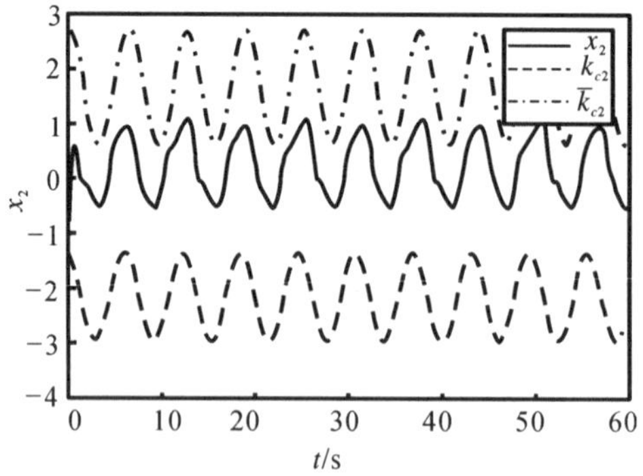

图 7.3　状态 x_2 及其约束曲线图

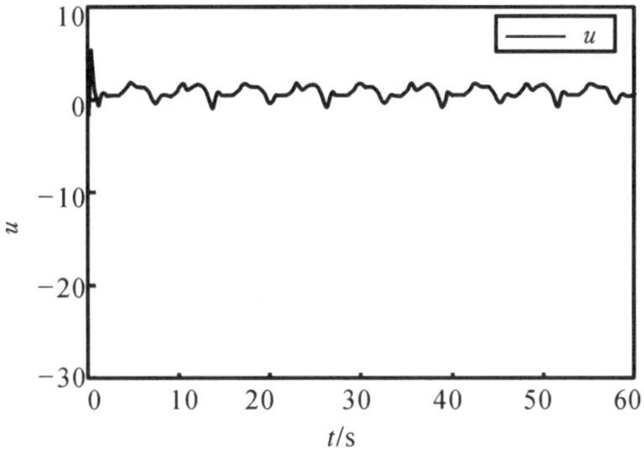

图 7.4 控制输入 u 曲线图

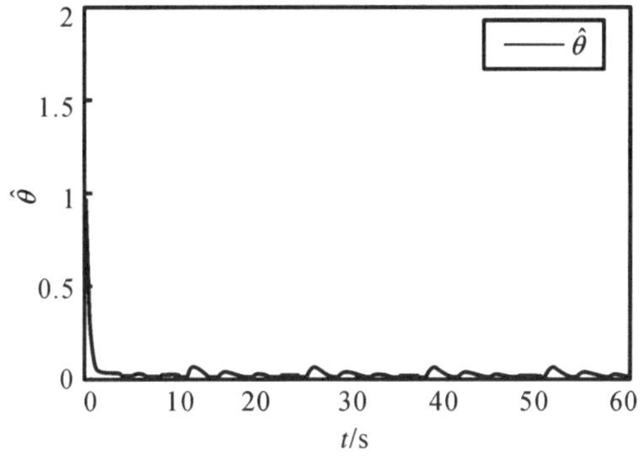

图 7.5 自适应参加 $\hat{\theta}$ 曲线图

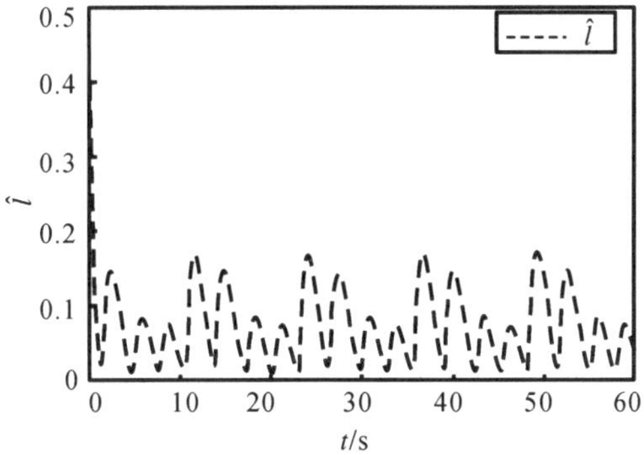

图 7.6 自适应参数 $\hat{l}$ 曲线图

7.3 本章小结

本章针对具有扰动的非三角形式系统，设计了一种满足时变全状态约束自适应模糊控制器. 采用占优方法解决非三角形式结构困难,用 ABLF 来保证状态约束条件成立，同时，本章在设计过程中使用一个自适应参数在线调节，降低了计算负担，设计的自适应模糊控制器能保证闭环内的所有信号有界且全状态约束满足. 最后仿真结果验证了所提控制方法的有效性.

8 研究结论

基于模糊逻辑或神经网络的“万能”逼近能力，对于纯反馈系统和非三角结构系统的研究已经成为控制理论领域研究的热点之一，目前已经取得了很多有意义的成果. 对于非三角结构系统而言，由于其系统中的未知非线性函数包含了系统所有的状态，显然已有方法已不适用它，如何克服它的非三角结构是目前 Backstepping 方法的研究难点. 本书针对受约束的纯反馈系统和非三角结构系统，分别深入研究了其固定时间控制、状态不可测情形下的控制、无方向随机系统的稳定化、关联系统的自适应控制等问题，同时考虑饱和、死区、容错、时延等因素的影响，均设计了自适应控制器并达到了控制目标和约束条件. 本研究的主要成果如下：

（1）针对一类纯反馈系统的固定时间全状态约束控制问题，采用均值定理，用 BLF 结合 FLS 和 Backstepping 技术设计出自适应控制器. 证明了闭环系统内所有信号有界且满足全状态约束条件. 仿真结果验证了理论结果的有效性.

（2）针对一类不确定非三角结构时变时延系统的输出反馈全状态约束控制问题通过采用状态观测器，用分离变量原理、DSC 技术、FLS 逼近方法，设计出了该系统自适应模糊控制器，证明了闭环系统内所有信号有界且满足全状态约束条件. 仿真结果说明了所提方法的有效性.

（3）针对一类方向未知的不确定随机非三角结构系统的全状态约束控制题，采用占优方法克服非三角结构困难，用 FLS 来逼近未知非线性函数，采用 BLF 处理约束问题，结合 Backstepping 技术设计了基于死区输入的自适应模糊控制器. 证明了闭环系统内所有信号在概率意义下有界且全状态约束满足. 仿真结果验证了所提方法的有效性.

（4）针对不确定非三角结构关联时延系统，设计了两种全状态约束的自适应模糊控制器. 采用占优方法，用 FLS 来逼近，用 BLF 和时变 BLF 来处理全状态约束问题并设计出控制器. 证明了闭环系统内所有信号有界且满足全状态约束条件. 仿真结果验证了所提方法的有效性.

（5）针对一类不确定非三角结构系统的非对称时变全状态约束控制问题，采用占优方法，用 FLS 逼近，结合 ABLF，设计出自适应模糊控制器. 证明了闭环系统内所有信号有界且满足全状态约束条件. 仿真结果验证了理论结果的有效性.

参考文献

[1] KHALIL H K. Nonlinear systems[M]. London: Prentice-hall, 2002.

[2] KRSTIC K, KANELLAKOPOUL I, KOKOVIC P V. Nonlinear and adaptive control design[M]. New York: Wiley, 1995.

[3] ISIDORI A. Nonlinear control systems[M]. New York: Spring-Verlag, 1989.

[4] HUNT L R, MEYER G. Stable inversion for nonlinear systems[J]. Automatica, 1997, 33(8): 1549-1554.

[5] MAHONY R, LOZANOG A. (Almost) exact path tracking control for anautonomous helicopter in hover manoeuvres[C]. Proceedings of IEEE International Conference Robotics and Automation, San Francisco, 2000.

[6] LI Z J, ZHAO J. Co-design of controllers and a switching policy for nonstrict-feedback switched nonlinear systems including first-order feedforward paths[J]. IEEE Transactions on Automatic Control, 2019, 64(4): 1753-1760.

[7] PRALY L, JIANG Z P. Stabilization by output feedback for systems with ISS inverse dynamics[J]. Systems & Control Letters, 1993, 21(1): 19-33.

[8] 高为炳. 变结构控制理论基础[M]. 北京：中国科学技术出版社, 1990.

[9] WANG L X. Adaptive fuzzy systems and control: design and stability analysis[M]. Englewood Cliff: Prentice Hall, 1994.

[10] 孙明轩，黄宝健. 迭代学习控制[M]. 北京：国防工业出版社, 1999.

[11] BYRNES C I, ISIDORI A. New results and examples in nonlinear feedback stabilization[J]. Systems & Control Letters, 1989, 12(5): 437-442.

[12] KOKOTOVIC P V, SUSSMANN H J. A positive real condition for global stabilization of nonlinear systems[J]. Systems & Control Letters, 1989, 13(2): 125-133.

[13] SABERI A, KOKOTOVIC P V, SUSSMANN H J. Global stabilization of partially

linear composite systems[J]. SIAM Journal of Control and Optimization, 1990, 28(6): 1491-1503.

[14] KANELLAKOPOULOS I, KOKOTOVIC P V, MORSE A S. Systematic design of adaptive controllers for feedback linearizable systems[J]. IEEE Transactions on Automatic Control, 1991, 36(11): 1241-1253.

[15] KRSTIC K, KANELLAKOPOULS I, KOKOVIC P V. Adaptive nonlinear control without over-parameterization[J]. Systems &Control Letter, 1998, 34(5): 281-287.

[16] LYAPUNOV A M. The General Problem of Motion Stability[J]. International Journal of Control, 1992, 55(3): 531-534.

[17] SLOTINEl J E, LI W. Applied nonlinear control[M]. Englewood Cliff, NJ: Prentice-Hall, 1991.

[18] TAYLOR D G, KOKOTIVIC P V, MARINO R, et al. Adaptive regulation of nonlinear systems with unmodeled dynamics[J]. IEEE Transactions on Automatic Control, 1989, 34(4): 405-412.

[19] SASTRY S S, ISIDORI A. Adaptive control of linearizable systems[J]. IEEE Transactions on Automatic Control, 1989, 34(31): 1123-1231.

[20] YE X. Asymptotic regulation of time-varying uncertain nonlinear systems with unknown control directions[J]. Automatica, 1999, 35(5): 929-935.

[21] ZHANG Y, WEN C, SOH Y C. Adaptive backstepping control design for systems with unknown high-frequency gain[J]. IEEE Transactions on Automatic Control, 2000, 45(12): 2350-2354.

[22] YE X. Decentralized adaptive regular with unknown high-frequency gain[J]. IEEE Transactions on Automatic Control, 1999, 44(11): 2072-2076.

[23] LI Y M, TONG S C, LI T S. Observer-based adaptive fuzzy tracking control of MIMO stochastic nonlinear systems with unknown control directions and unknown dead zones[J]. IEEE Transactions on Fuzzy Systems, 2015, 23(4): 1228-1241.

[24] KRSTIC K, KANELLAKOPOULS I, KOKOVIC P V, et al. Systematic design of adaptive controllers for feedback linearizable systems[J]. IEEE Transactions on

Automatic Control, 1991, 36(11): 1241-1253.

[25] KRSTIC K, KANELLAKOPOULS I, KOKOVIC P V. Adaptive nonlinear control without over-parameterization[J]. Systems &Control Letter, 1992, 19(3): 177-185.

[26] ANNASWAMY A M, SKANTZE F P, LOH A P. Adaptive control of continuous time systems with convex/concave parametrization[J]. Automatica, 1998, 34(1): 33-49.

[27] BOSKOVIC J D. Stable adaptive control of a class of nonlinearly-parametrized bioreactor processes[C]. Proceedings of 1995 American Control Conference, Seattle, 1995.

[28] BOSKIVIC J D. Observer-based adaptive control of a class of bioreactor processes[C]. Proceedings of 1995 34th IEEE Conference on Decision and Control, New Orleans, 1995.

[29] GE S S, LEE T H, REN S X. Adaptive friction compensation of servo mechanisms[J]. International Journal of Systems Science, 2001, 32(4): 523-532.

[30] ANNASWAMY A M, SKANTZE F P, LOH A P. Adaptive control of continuous time systems with convex/concave parametrization[J]. Automatica, 1998, 34(1): 33-49.

[31] BOSKOVIC J D. Adaptive control of a class of nonlinearly parameterized plants[J]. IEEE Transactions on Automatic Control, 1998, 43(7): 930-933.

[32] FRADKOV A L. Speed-gradient scheme and its application in adaptive control[J]. Automation and Remote Control, 1979, 40(9): 1333-1342.

[33] GE S S, HANG C C, ZHANG T. A direct adaptive controller for dynamic systems with a class of nonlinear parameterizations[J]. Automatica, 1999, 35(4): 741-747.

[34] LOH A P, ANNASWAMY A M, SKANZE F P. Adaptive control of dynamic systems with nonlinear parametrization[C]. Process 4th European Control Conferess, Brussels, 1997.

[35] POLYCARPOU M M. Stable adaptive neural control scheme for nonlinear systems[J]. IEEE Transactions on Automatic Control, 1996, 41(3): 447-451.

[36] ZHANG T, GE S S, HANG C C. Adaptive neural network control for strict-feedback nonlinear systems using backstepping design[J]. Automatica, 1996, 36(12): 1835-1846.

[37] CHEN B, LIU X, LIU K, et al. Direct adaptive fuzzy control of nonlinear strict-feedback systems[J]. Automatica, 2009, 45(6): 1530-1535.

[38] LIU Y J, WEN G X, TONG S C. Direct adaptive NN control for a class of discrete-time nonlinear strict-feedback systems[J]. Neurocomputing, 2010, 75(13-15): 2498-2505.

[39] WANG C, WANG M, LIU T F. Learning from ISS-Modular adaptive NN control of nonlinear strict-feedback systems[J]. IEEE Transactions on Neural Networks and Learning Systems, 2012, 23(10): 1539-1550.

[40] YUE H Y, LI J M. Adaptive fuzzy tracking control for a class of perturbed nonlinear time-varying delays systems with unknown control directions[J]. International Journal of Uncertainty, Fuzziness and Knowledge-Based Systems, 2013, 21(4): 497-531.

[41] WANG F, LIU Z, LAI G Y. Fuzzy adaptive control of nonlinear uncertain plants with unknown dead zone output[J]. Fuzzy Sets and Systems, 2015(263): 27-48.

[42] LI Y M, SUI S, TONG S C. Adaptive fuzzy control design for stochastic nonlinear switched systems with arbitrary switchings and unmodeled dynamics[J]. IEEE Transactions on Cybernetics, 2017, 47(2): 403-414.

[43] WANG F, LIU Z, ZHANG Y, et al. Adaptive quantized controller design via backstepping and stochastic small-gain approach[J]. IEEE Transactions on Fuzzy Systems, 2016, 24(2): 330-343.

[44] TONG S C, ZHANG L L, LI Y M. Observed-based adaptive fuzzy decentralized tracking control for switched uncertain nonlinear large scale systems with dead zones[J]. IEEE Transactions on Systems, Man, and Cybernetics: Systems, 2016, 46(1): 37-47.

[45] GE S S, WANG C. Adaptive NN control of uncertain nonlinear pure-feedback

systems[J]. Automatica, 2002, 38(4): 671-682.

[46] WANG C, HILL D J, GE S S, etal. An ISS-modular approach for adaptive neural control of pure-feedback systems[J]. Automatica, 2006(42): 723-731.

[47] WANG M, WANG C. Neural learning control of pure-feedback nonlinear systems feedback systems[J]. Nonlinear Dynamics, 2015, 79(4): 2589-2608.

[48] TONG S C, LI Y M, SHI P. Observer-based adaptive fuzzy backstepping output feedback control of uncertain MIMO purefeedback nonlinear systems[J]. IEEE Transactions on Fuzzy Systems, 2012, 20(4): 771-785.

[49] BHAT S P, BERNSTEIN D S. Continuous finite-time stabilization of the translational and rotational double integrators[J]. IEEE Transactions on Automatic control, 1998, 43(5): 678-682.

[50] BHAT S P, BERNSTEIN D S. Finite-time stabilization of continuous autonomous systems[J]. Slam Journal on Control and Optimization, 2000, 38(3): 751-766.

[51] HUANG X, LIN W, YANG B. Global finite-time stabilization of a class of uncertain nonlinear systems[J]. Automatica, 2005, 41(5): 881-888.

[52] DING S, LI S, ZHENG W S. Nonsmooth stabilization of a class of cascaded systems[J]. Automatica, 2012, 48(10): 2597-2606.

[53] HUANG J, WEN C, WANG W, et al. Design of adaptive finite-time controllers for nonlinear uncertain systems based on given transient specifications[J]. Automatica, 2016, 69(1): 395-404.

[54] WANG H Q, LIU X P, ZHAO X, et al. Adaptive fuzzy finite-time control of nonlinear systems with actuator faults[J]. IEEE Transactions on Cybernetics, 2020, 50(5): 1786-1797.

[55] POLYAKOV A. Nonlinear feedback design for fixed-time stabilition for linear control systems[J]. IEEE Transactions on Automatic Control, 2012, 57(8): 2106-2110.

[56] POLYAKOV A, EFIMO D, PERRUQUETTI W. Robust stabilization of MIMO systems in finite/fixed time[J]. International Journal of Robust and Nonlinear

Control, 2016, 26(1): 69-90.

[57] HUA C C, LI Y F, GUAN X P. Finite/fixed-time stabilization for nonlinear interconnected systems with dead-zone input[J]. IEEE Transactions on Automatic Control, 2017, 62(5): 2554-2560.

[58] XU J. Adaptive fixed-time control for MIMO nonlinear systems with asymmetric output constraints using universal Barrier Functions[J]. IEEE Transactions on Automatic Control, 2019, 64(7): 3046-3053.

[59] CHEN B, LIN C, LIU X, et al. Observer-based adaptive fuzzy control for a class of nonlinear delayed systems[J]. IEEE Transactions on Systems, Man, and Cybernetics: Systems, 2016, 46(1): 27-36.

[60] LI Y M, TONG S C. Adaptive fuzzy output-feedback stabilization control for a class ofswitched nonstrict-feedback nonlinear systems[J]. IEEE Transactions on Cybernetics, 2017, 47(4): 1007-1016.

[61] NIU B, LI H, ZHANG Z Q, et al. Adaptive neural-network based dynamic surface control for stochastic interconnected nonlinear nonstrict-feedback systems with dead zone[J]. IEEE Transactions on Systems, Man, and Cybernetics: Systems, 2019, 49(7): 1386-1398.

[62] CAI M J, XIANG Z R. Adaptive practical finite-time stabilization for uncertain nonstrict feedback nonlinear systems with input nonlinearity[J]. IEEE Transactions on Systems, Man, and Cybernetics: Systems, 2017, 47(7): 1668-1678.

[63] WANG H Q, CHEN B, LIU K F, et al. Adaptive neural tracking control for a class of nonstrict-feedback stochastic nonlinear systems with unknown backlash-like hysteresis[J]. IEEE Transactions on Neural Networks and Learning Systems, 2014, 25(5): 947-958.

[64] BA D S, LI Y X, TONG S C. Fixed-time adaptive neural tracking control for a class of uncertain nonstrict nonlinear systems[J]. Neurocomputing, 2019(363): 273-280.

[65] YANG H J, SHI P. Adaptive output-feedback neural tracking control for a class of nonstrict-feedback nonlinear systems[J]. Information Science, 2016, 334-335(20):

205-218.

[66] ZHAO X D, SHI P, ZHENG X L, et al. Adaptive tracking control for switched stochastic nonlinear systems with unknown actuator dead-zone[J]. Automatica, 2015 (60): 193-200.

[67] WANG F, CHEN B, LIN C, et al. Distributed adaptive neural control for stochastic nonlinear multiagent systems[J]. IEEE Transactions on Cybernetics, 2017, 47(7): 1795-1803.

[68] TONG S C, LI Y M, SUI S. Adaptive fuzzy tracking control design for SISO uncertain nonstrict-feedback nonlinear systems[J]. IEEE Transactions on Fuzzy Systems. 2016, 24(6): 1441-1454.

[69] SWARP D, GERDES J, YIP P, et al. Dynamic surface control of nonlinear systems[C]. of the 1997 American Control Conference, Albuquerque, 1997.

[70] WANG D, HUANG J. Neural network-based adaptive dynamic surface control for a class of uncertain nonlinear systems in strict-feedback form[J]. IEEE Transactions on Neural Networks, 2005, 16(1): 195-202.

[71] ROH Y, OH J. Robust stabilization of uncertain input-delay systems by sliding mode control with delay compensation[J]. Automatica, 1999, 35(11): 1861-1865.

[72] MAZENC F, MONDIE S, NICULESCU S I. Global asymptotic stabilization for chains of integrators with a delay in the input[J]. IEEE Transactions on Automatic Control, 2003, 48(1): 57-63.

[73] ZHANG X F, BOUKAS E K, LIU Y G, et al. Asymptotic stabilization of high-order feedforward systems with delays in the input[J]. International Journal of Robust Nonlinear Control, 2010, 20(12): 1395-1406.

[74] ZHU Q, ZHANG T P, FEI S M. Adaptive tracking control for input delayed MIMO nonlinear systems[J]. Neurocomputing, 2010, 74(1-3): 472-480.

[75] MAZENC F, MONDIE S, NICULESCU S I. Global asymptotic stabilization for chains of inte-grators with a delay in the input[C]. Proceedings of 40th IEEE Conference on Decision and Contml, Orlando, 2001.

[76] HUA C C, WANG Q G, GUAN X P. Adaptive fuzzy output-feedback controller design for nonlinear time-delay systems with unknown control direction[J]. IEEE Transactions on Systems Man Cybernet-Part B, 2009, 39(2): 363-374.

[77] LIM Y H, AHN H S. Decentralized control of nonlinear interconnected systems under both amplitude and rate saturations[J]. Automatica, 2013(49): 2551-2555.

[78] MA J J, ZHENG Z Q, LI P. Adaptive dynamic surface control of a class of nonlinear systems with unknown direction control gains and input saturation[J]. IEEE Transactions on Cybernetics, 2015, 45(4): 728-741.

[79] SUI S, LI Y M, TONG S C. Adaptive fuzzy control design and applications of uncertain stochastic nonlinear systems with input saturation[J]. Neurocomputing, 2015(156): 42-51.

[80] GAO Y F, SUN X M, WEN C Y, et al. Adaptive tracking control for a class of stochastic uncertain nonlinear systems with input saturation[J]. IEEE Transactions on Automatic Control, 2017, 62(5): 2498-2504.

[81] ASKARI M R, SHAHROKHI M, TALKHONCHEH M K. Observer-based adaptive fuzzy controller for nonlinear systems with unknown control directions and input saturation[J]. Fuzzy Sets and Systems, 2017(314): 24-45.

[82] LI H Y, LU B, QI Z, et al. Adaptive fuzzy control of stochastic nonstrict-feedback nonlinear systems with input saturation[J]. IEEE Transactions on Systems, Man, and Cybernetics: Systems, 2017, 47(8): 2185-2197.

[83] LI Y M, TONG S C, LI T S. Hybrid fuzzy adaptive output feedback control design for uncertain MIMO nonlinear systems with time-varying delays and input saturation[J]. IEEE Transactions on Fuzzy Systems, 2016, 24(4): 841-853.

[84] LI T S, LI R H, LI J F. Decentralized adaptive neural control of nonlinear interconnected large-scale systems with unknown time delays and input saturation[J]. Neurocomputing, 2011(14-15): 2277-2283.

[85] ZHOU Q, WU C W, SHI P. Observer-based adaptive fuzzy tracking control of nonlinear systems with time delay and input saturation[J]. Fuzzy Sets and Systems,

2017(316): 49-68.

[86] WANG X S, HONG H, SU Y C. Robust adaptive control of a class of nonlinear systems with unknown dead zone[J]. Automatica, 2004(43): 407-413.

[87] TONG S C, LI Y M, SUI S. Adaptive fuzzy output feedback control for switched nonstrict feedback nonlinear systems with input nonlinearities[J]. IEEE Transactions on Fuzzy Systems, 2016, 24(6): 1426-1440.

[88] WU L, HO D W C. Fuzzy filter design for Itô stochastic systems with application to sensor fault detection[J]. IEEE Transactions on Fuzzy Systems, 2009, 17(1): 233-242.

[89] JIANG B, GAO Z, SHI P, et al. Adaptive fault-tolerant tracking control of near-space vehicle using Takagi-Sugeno fuzzy models[J]. IEEE Transactions on Fuzzy Systems, 2010, 18(5): 1000-1007.

[90] LAI G Y, WEN C Y, LIU Z, et al. Adaptive compensation for infinite number of actuator failures based on tuning function approach[J]. Automatica, 2018(87): 365-374.

[91] YANG F, ZHANG H, HUI G T, et al. Mode-independent fuzzy fault-tolerant variable sampling stabilization of nonlinear networked systems with both time-varying and random delays[J]. Fuzzy Sets and Systems, 2012, 207(16): 45-63.

[92] SU H, ZHANG W H. Finite-time prescribed performance adaptive fuzzy fault-tolerant control for nonstrict-feedback nonlinear systems[J]. International Journal of Adaptive Control and Signal Processing, 2019(33): 1407-1424.

[93] DATTA A. Performance improvement in decentralized adaptive control: a model reference scheme[J]. IEEE Transactions on Automatic Control, 1993, 38(11): 1717-1722.

[94] WEN C Y. Decentralized adaptive regulation[J]. IEEE Transactions on Automatic Control, 1994, 39(10): 2163-2166.

[95] WU H S. Decentralized adaptive robust control for a class of large-scale systems including delayed state perturbatiions in the interconnections[J]. IEEE Transactions

on Automatic Control 2002, 47(10): 1745-1751.

[96] WEN C Y, SOH Y C. Decentralized adaptive control backstepping[J]. Automatica, 1997(33): 1719-1724.

[97] CHEN W S, LI J M. Decentralized output-feedback neural control for systems with unknown interconnections[J]. IEEE Transactions on systems, Man, and Cybernetics-Part B: Cybernetics, 2008, 38(1): 258-266.

[98] ZHOU J, WEN C Y. Decentralized backstepping adaptive output tracking of interconnected nonlinear systems[J]. IEEE Transactions on Automatic Control, 2008, 53(10): 2378-2384.

[99] ZHOU J. Decentralized adaptive control for large-scale time-delay systems with dead-zone input[J]. Automatica, 2008, 44(7): 1790-1799.

[100] SUNG J Y, PARK J B, CHOI Y H. Decentralized adaptive stabilization of interconnected nonlinear systems with unknown non-symmetric dead-zone inputs[J]. Automatica, 2009, 45(2): 436-443.

[101] WEN C Y, ZHOU J, WANG W. Decentralized adaptive backstepping stabilization of interconnected systems with dynamic input and output interactions[J]. Automatica. 2009, 45(1): 55-67.

[102] TEE K P, GE S S, TAY E H. Barrier Lyapunov function for the control of output-constrainted nonlinear systems[J]. Automatica, 2009, 45(4): 918-927.

[103] TEE K P, REN B B, GE S S. Control of nonlinear systems with time-varying output constraints[J]. Automatica, 2011, 47(11): 2511-2516.

[104] CHEN A Q, TANG L, LIU Y J, et al. Adaptive control for switched uncertain nonlinear systems with time-varying output constraint and input saturation[J]. International Journal of Adaptive Control and Signal Process, 2019, 33(9): 1344-1358.

[105] WANG C X, WU Y Q. Finite-time tracking control for strict-feedback nonlinear systems with full state constraints[J]. International Journal of control, 2019, 92(6): 1426-1433.

[106] WANG C X, WU Y Q. Finite-time tracking control for strict-feedback nonlinear systems with time-varying output constraints[J]. International Journal of Systems Science, 2018, 49(7): 1-10.

[107] TEE K P, GE S S. Control of state-constrained nonlinear systems using integral barrier Lyapunov functions[C]. 51th IEEE Conference on Decision and control, Maui, 2012.

[108] LI D J, LI J, LI S. Adaptive control of nonlinear systems with full state constraints using integral barrier Lyapunov functions[J]. Neurocomputing, 2016, 186(19): 90-96.

[109] LIU Y J, TONG S C. Adaptive NN control using integral barrier Lyapunov functionals for uncertain nonlinear block-triangular constraint systems[J]. IEEE Transactions on Cybernetics, 2017, 47(1): 3747-3757.

[110] MAYNE D Q, RAWLINGS J B, RAO C V, et al. Constrained model predictive control: Stability and Optimality[J]. Automatica, 2000, 36(6): 789-814.

[111] KEERTHI S, GILBERT E. Computation of minimum-time feedback control laws for discrete-time systems with state constraints[J]. IEEE Transactions on Automatic Control, 1987, 32(5): 432-435.

[112] BLANCHINI F, MIANI S. Constrained stabilization of continuous-time linear systems[J]. Systems and Control Letters, 1996, 28(2): 95-102.

[113] NGO K B, MAHONY R, JIANG Z P. Integrator backstepping using barrier functions for systems with multiple state constraints[C]. Proceedings of the 44th IEEE Conference Decision & Control, Seville, 2005.

[114] TEE K P, GE S S. Control of nonlinear systems with partial state constraints using a barrier Lyapunov function[J]. International Journal of Control, 2011, 84(12): 2000-2023.

[115] REN B B, GE S S, TEE K P, et al. Adaptive neural control for output feedback nonlinear systems using a barrier Lyapunov function[J]. IEEE Transactions on Neural Networks, 2010, 21(8): 1339-1345.

[116] LIU Y J, LI D J, TONG S C. Adaptive output feedback control for a class of nonlinear systems with full-state constraints[J]. International Journal of Control, 2014, 87(2): 281-290.

[117] LIU Y J, TONG S C. Barrier Lyapunov function-based adaptive control for a class of nonlinear pure-feedback systems with full-state constraints[J]. Automatica, 2016 (64): 70-75.

[118] HE W, CHEN Y, YIN Z. Adaptive neural network control of an uncertain robot with full state constraints[J]. IEEE Transactions on Cybernetics, 2016, 46(3): 620-629.

[119] LIU Y J, GONG M Z, TONG S C, et al. Adaptive fuzzy output feedback control for a class of nonlinear systems with full-state constraints[J]. IEEE Transactions on Fuzzy Systems, 2018, 26(5): 2607-2617.

[120] LIU L, LIU Y J, TONG S C. Fuzzy based multi-error constraint control for switched nonlinear systems and its applications[J]. IEEE Transactions on Fuzzy Systems, 2019, 27(8): 1519-1531.

[121] LI D P, LIU Y J, TONG S C, et al. Neural networks-based adaptive control for nonlinear state constrained systems with input delay[J]. IEEE Transactions on Cybernetics, 2019, 49(4): 1249-1258.

[122] NIU B, ZHAO J. Output tracking control for a class of switched non-linear systems with partial state constraints[J]. IET Control Theory and Applications, 2013, 7(4): 623-631.

[123] BIAN Y N, CHEN Y H, LONG L J. Full state constraints-based adaptive control for switch nonlinear pure-feedback systems[J]. International Journal of Control, 2018, 49(15): 3094-3107.

[124] SHI X C, LIM C C, SHI P, et al. Adaptive neural dynamic surface control for nonstrict-feedback systems with output dead zone[J]. IEEE Transactions on Neural Networks and Learning Systems, 2018, 29(11): 5200-5213.

[125] GAO T T, LIU Y J, LIU L, et al. Adaptive neural network-based control for a class

of nonlinear pure-feedback systems with time-varying full state constraints[J]. IEEE/CAA Journal of Automatica Sinaca, 2018, 5(5): 923-933.

[126] LIU Y J, ZENG Q, TONG S C, et al. Adaptive neural network control for active suspension systems with time-varying vertical displacement and speed constraints[J]. IEEE Transactions on Industrial Electronics, 2019, 66(12): 9458-9466.

[127] WANG C X, WU Y Q, YU J B. Barrier Lyapunov functions-based dynamic surface control for pure-feedback systems with full state constraints[J]. IET Control Theory and Applications, 2017, 11(4): 524-530.

[128] Z HANG T P, GE S S. Adaptive dynamic surface control of nonlinear systems with unknown dead zone in pure feedback form[J]. Automatica, 2008, 44(7): 1895-1903.

[129] SANG K M, LI G M. Robust nonlinear nominal model following control to overcome deadzone nonlinearities[J]. IEEE Transactions on Industrial Electronics, 2001, 48(1): 177-184

[130] KRSTIC M, DENG H. Stabilization of nonlinear uncertain systems[M]. London: Springer, 1998.

[131] HALE J K, VERDUYN LUNEL S M. Introduction to functional differential equations[M]. London: Springer-Verlag, 1993.

[132] TEE K P. Adaptive control of uncertain constrained nonlinear systems[D]. Thesis submitted for the degree of doctor of national university of Singapore, 2008.

[133] 匡继昌. 常用不等式[M]. 济南: 山东科学技术出版社, 2004.

[134] ZUO Z Y, TIAN B L, MICHAEL D, et al. Fixed-time consensus tracking for multi-agent systems with high-order integrator dynamics[J]. IEEE Transactions on Automatic Control, 2018, 63(2): 563-570.

[135] ZHU Z, XIA Y, FU M. Attitude stabilization of rigid spacecraft with finite-time convergence[J]. International Journal of Robust and Nonlinear Control, 2011, 21(6): 686-702.

[136] LI Y M, TONG S C. Adaptive fuzzy output-feedback control of pure-feedback uncertain nonlinear systems with unknown dead-zone[J]. IEEE Transactions on Fuzzy Systems, 2014, 22(5): 1341-1347.

[137] LI Y M, TONG S C, LI T S. Direct adaptive fuzzy backstepping control of uncertain nonlinear systems in the presence of input saturation[J]. Neural Computing and Applications, 2013, 23(5): 1207-1216.

[138] WANG M, GE S S, HONG K S. Approximation-based adaptive tracking control of pure-feedback nonlinear systems with multiple unknown time-varying delays[J]. IEEE Transactions on Neural Networks, 2010, 21(11): 1804-1816.

[139] YUN H C, SUNG J Y. Filter-driven-approximation-based control for a class of pure-feedback systems with unknown nonlinearities by state and output feedback[J]. IEEE Transactions on Systems, Man, and Cybernetics: Systems, 2018, 48(2): 161-176.

[140] HUANG J, WEN C Y, WANG W, et al. Design of adaptive finite time controllers for nonlinear uncertain systems based on given transient specifications[J]. Automatica, 2016, 69(1): 395-404.

[141] LIU Y, LIU X P, JING Y W, et al. Design of finite-time H∞ controller for uncertain nonlinear systems and its application[J]. International Journal of Control, 2019, 92(12): 2928-2938.

[142] GAO C, ZHANG C L, LIU X P. Event-trigger based adaptive neural tracking control for a class of pure feedback with finite-time prescribed performance[J]. Nerocomputing, 2019.

[143] MA L, XU N, HUO X. Adaptive finite-time output feedback control design for switch pure feedback nonlinear systems with average dwell time[J]. Nonlinear Nnalysis: Hybrid Systems, 2020(37): 1-23.

[144] CHEN G, XIANG H B, DAI J H. Distributed output feedback finite-time tracking control of nonaffine nonlinear leader-following multiagent systems[J]. Journal of

Robust and Nonlinear Control, 2020, 30(7): 2977-2998.

[145] ZUO Z, TIAN B, DEFOORT M, et al. Fixed-time consensus tracking for multiagent systems with high-order integrator dynamics[J]. IEEE Transactions on Automatic Control, 2018, 63(2): 563-570.

[146] NIU B, WANG D, ALOTAIBI N D, et al. Adaptive neural state-feedback tracking control of stochastic nonlinear switched systems: an average dwell-time method[J]. IEEE Transactions on Neural Networks and Learning Systems, 2018, 26(10): 2311-2322.

[147] WANG H Q, LIU K F, LIU X P, et al. Neural-based adaptive output-feedback control for a class of nonstrict-feedback stochastic nonlinear systems[J]. IEEE Transactions on Cybernetics, 2015, 45(9): 1977-1987.

[148] YANG H J, SHI P. Adaptive output-feedback neural tracking control for a class of nonstrict-feedback nonlinear systems[J]. Information Science, 2016(334-335): 205-218.

[149] CHEN B, LIU X P, LIU K F. Fuzzy approximation-based adaptive control of nonlinear delayed systems with unknown. dead zone[J]. IEEE Transactions on Fuzzy Systems, 2014, 22(2): 237-248.

[150] TAO G, JOSHI S M, MA X L. Adaptive state feedback and tracking control of systems with actuator failures[J]. IEEE Transactions on Automatic Control, 2001, 46(1): 78-95.

[151] PAN Z G, BASAR T. Backstepping controller design for nonlinear stochastic systems under a risk-sensitive cost criterion[J]. SLAM Journal on Control and Optimization 1999, 37(3): 957-995.

[152] TSENG C S, LI Y F, CHIANG Y F. H_∞ fuzzy control design for nonlinear stochastic fuzzy systems[J]. International Journal of Fuzzy Systems, 2007, 9(1): 38-44.

[153] TONG S C, LI Y, LI Y M, et al. Observer-based adaptive fuzzy backstepping

control for a class of stochastic nonlinear strict-feedback systems[J]. IEEE Transactions on Systems Man Cybernetics-PartB: Cybernetics, 2011, 41(6): 1693-1704.

[154] LI Y, LI Y M, TONG S C. Adaptive fuzzy decentralized output feedback control for stochastic nonlinear large-scale systems[J]. Neurocomputing, 2012(83): 38-46.

[155] ARSLAN G, BASAR T. Risk-sensitive adaptive trackers for strict feedback systems with output measurements[J]. IEEE Transactions on Automatica Control, 2002, 47(10): 1754-1758.

[156] LIU Y, PAN Z, SHI S. Output feedback control design for strict feedback stochastic nonlinear systems under a risk-sensitive cost[J]. IEEE Transactions on Automatica Control, 2003, 48(3): 509-514.

[157] ZHOU Q, SHI P, XU S, et al. Observer-based adaptive neural network control for nonlinear stochastic systems with time-delay[J]. IEEE Transactions on Neural Networks and Learning Systems, 2013, 24(1): 71-80.

[158] TONG S C, LI Y, LI Y M, et al. Observer-based adaptive fuzzy backstepping control for a class of stochastic nonlinear strict-feedbacksystems[J]. IEEE Transactions on Systems, Man and Cybernetics. Part B, Cybernetics, 2011, 41(6): 1693-1704.

[159] LIU L, XIE X J. Output-feedback stabilization for stochastic highorder nonlinear systems with time-varying delay[J]. Automatica, 2011, 47(12): 2772-2779.

[160] TONG S C, WANG T, LI Y M, et al. A combined backstepping and stochastic small-gain approach to robust adaptive fuzzy output feedback control[J]. IEEE Transactions on Fuzzy Systems, 2013, 21(2): 314-327.

[161] LI Y, TONG S C, LI Y M. Observer-based adaptive fuzzy backstepping dynamic surface control design and stability analysis for MIMO stochastic nonlinear systems[J]. Nonlinear Dynamics, 2012, 69(3): 1333-1349.

[162] ZHOU Q, SHI P, LIU H H, et al. Neural-network-based decentralized adaptive

output-feedback control for large-scale stochastic nonlinear systems[J]. IEEE Transactions on Systems, Man, and Cybernetics. Part B, Cybernetics, 2012, 42(6): 1608-1619.

[163] LI X J, YANG G H. Dynamic output feedback control synthesis for stochastic time-delay systems[J]. International Journal of Systems Science. 2012, 43(3): 586-595.

[164] LIU L, XIE X J. Output-feedback stabilization for stochastic high-order nonlinear systems with time-varying delay[J]. Automatica, 2011, 47(12): 2772-2779.

[165] SUI S, CHEN C L P, TONG S C. Adaptive neural tracking control for systems using switched high-order stochastic nonlinear systems[J]. IEEE Transactions on Fuzzy Systems, 2019, 27(1): 172-184.

[166] WANG F, CHEN B, LIN C, et al. Distributed adaptive neural control for systems with unknown stochastic nonlinear multiagent systems[J]. IEEE Transactions on Cybernetics, 2016, 2168-4(4): 2168-2177.

[167] WANG H Q, CHEN B, LIU K F, et al., et al. Adaptive neural tracking control for a class of nonstrict-feedback stochastic nonlinear systems with unknown backlash-like hysteresis[J]. IEEE Transactions on Neural Networks and Learning Systems, 2014, 25(5): 974-958.

[168] WANG H Q, CHEN B, LIN C. Approximation-based adaptive fuzzy control for time delays and a class of non-strict-feedback stochastic nonlinear systems[J]. Science China Information, Science, 2014(57): 1-16.

[169] WANG H Q, LIU K F, LIU X P, et al. Neural-based adaptive output- feedback control for a class of nonstrict-feedback stochastic nonlinear systems[J]. IEEE Transactions on Cybernetics 2015, 45(9): 1977-1987.

[170] TAO G, KOKOTOVIC P V. Adaptive control of plants with unknown dead-zones[J]. IEEE Transactions on Automatic Control, 1994, 39(1): 59-68.

[171] NUSSBAUM R D. Some remarks on the conjecture in parameter adaptive

control[J]. Systems &Control Letter, 1983, 3(5): 242-246.

[172] LI T, LI Z F, WANG D, et al. Output-feedback adaptive neural control for stochastic nonlinear time-varying delay systems with unknown control directions[J]. IEEE Transactions on Neural Networks and Learning Systems, 2015, 26(6): 1188-1200.

[173] GE S S, HONG F, LEE T H. Adaptive neural control of nonlinear time-delay systems with unknown virtual control coefficients[J]. IEEE Transactions on Systems, Man, and Cybernetics. Part B, Cybernetics, 2004, 34(1): 499-516.

[174] WANG C L, WEN C Y, LIN Y. Adaptive Actuator Failure Compensation for a class of nonlinear systems with unknown control direction[J]. IEEE Transactions on Automatic Control, 2017, 62(1): 385-392.

[175] ZHAO X Y, LI S G, YU Z S, et al. Adaptive neural output feedback control for nonstrict feedback stochastic nonlinear systems with unknown backlish-like hysteresis and unknown control directions[J]. IEEE Transactions on Neural Networks and Learning Systems, 2018, 29(4): 1147-1160.

[176] LIU Y G. Output-feedback adaptive control for a class of nonlinear systems with unknown control direction[J]. Acta Automatica Sinica, 2007, 33(12): 1306-1312.

[177] CHEN B, LIN C, LIU X P, et al. Adaptive fuzzy tracking control for a class of MIMO nonlinear systems in nonstrict-feedback form[J]. IEEE Transactions on Cybernetics, 2015, 45(12): 2744-2755.

[178] SUI S, TONG S C, PHILIP C. Finite-time filter decentralized control for nonstrict-feedback nonlinear large-scale systems[J]. IEEE Transactions on Fuzzy Systems, 2018, 26(6): 3289-3300.

[179] LI Y M, TONG S C. Fuzzy adaptive control design strategy of nonlinear switched large-scale systems[J]. IEEE Transactions on Systems Man Cybernetics: Syetems, 2018, 48(12): 2209-2218.

[180] CAO L, LI H Y, WANG N, et al. Observer-based event-triggered adaptive

decentralized fuzzy control for nonlinear large-Scale Systems[J]. IEEE Transactions on Fuzzy Systems, 2019, 27(6): 1201-1214.

[181] TANG X, TAO G, JOSHI S M. Adaptive actuator failure compensation for nonlinear MIMO systems with an aircraft control applicationin[J]. Automatica, 2007(43): 1869-1883.

[182] TANG X D, TAO G, JOSHI S M. Adaptive actuator failure compensation for parametric strict feedback systems and an aircraft application[J]. Automatica, 2003, 39(11): 1975-1982.

[183] TANG X D, TAO G, JOSHI S M. Adaptive actuator failure compensation for nonlinear MIMO systems with an aircraft control application[J]. Automatica, 2007, 43(11): 1869-1883.

[184] ZHAI D, AN L, LI J H, et al. Adaptive fuzzy fault-tolerant control with guaranteed tracking performance for nonlinear strictfeedback systems[J]. Fuzzy Sets and Systems, 2016(302): 82-100.

[185] LI Y M, TONG S C. Adaptive neural networks control decentralized FTC for nonstrict-feedback nonlinear interconnected large-scale against actuators faults systems[J]. Fuzzy Sets and Systems, 2017, 28(11): 2541-2554.

[186] XU J. Adaptive decentralized finite-time output tracking control for MIMO interconnected nonlinear systems with output constraints and actuator faults[J]. International Journal of Rbust and Nonlinear Control, 2017.

[187] LI K W, TONG S C, LI Y M. Finite-time adaptive fuzzy decentralized control for nonstrict-feedback nonlinear systems with output-constraint[J]. IEEE Transactions on Systems, Man, and Cybernetics: Systems, 2018.

[188] ZHOU Q, WANG L J, WU C W, et al. Adaptive fuzzy for nonstrict-feedback systems with input saturation and output constraint[J]. IEEE Transactions on systems, Man, and Cybernetics: Systems, 2017, 47(1): 1-12.

[189] SI W J, DONG X D. Adaptive neural control for nonstrict-feedback time-delay

systems with input and output constraints[J]. International Journal of Machine Learning and Cybernetics，2018, 9(9): 1533-1540.

[190] LI Y M, TONG S C. Adaptive fuzzy output constraints control design for muiti-input multi-output stochastic nonstrict-feedback nonlinear systems[J]. IEEE Transactions on Cybernetics, 2017, 47(12): 4086-4095.

[191] DU P H, PAN Y N, CHADLI M. Asymptotic tracking control for constraints nonstrict-feedback MIMO nonlinear systems via parameter compensations[J]. International Journal of Rbust and Nonlinear Control, 2020, 30(8): 3365-3381.

[192] LIU X, GAO G, WANG H Q, et al. Adaptive neural tracking control of full-state constrained nonstrict feedback time-delay systems with input saturation[J]. International Journal of Control Automation and Systems, 2020.

[193] YONG K N, MOU C, WU Q X. Constrained adaptive neural control for a class of nonstrict-feedback nonlinear systems with disturbances[J]. Neurocomputing, 2018(272): 405-415.

[194] LU C X, PAN Y N, LIU Y, et al. Adaptive fuzzy finite-time fault-tolerant control of nonlinear systems with state constraints and input quantization[J]. Adaptive Control and Signal Processing, 2020.

[195] GE S S, WANG C. Uncertain chaotic systems control via adaptive neural design[J]. International Journal of Bifurcation and Chaos, 2002, 12(5): 1097-1109.

[196] WEN C Y, ZHOU J, LIU Z T, et al. Robust adaptive control of uncertain nonlinear systems in the presence of input saturation and external disturbance[J]. IEEE Transactions on Automatic Control, 2011, 56(7): 1672-1678.

[197] ZHOU Q, SHI P, TIAN Y, et al. Approximation-based adaptive tracking control for MIMO nonlinear systems with input saturation[J]. IEEE Transactions on Cybernetics, 2015, 45(10): 2119-2128.

本书获得了国家自然科学基金(61573013)“T-S 模糊模型与实际存在差异时自适应控制”、陕西省自然科学基础研究计划项目“LDPC 码的 ADMM 译码算法研究（2021JM-515）”、横向项目“模糊控制及应用（21KJHX008）”、横向项目“神经控制及应用（21KJHX009）”的资助。